生态环境部 编

NIHAO
SHENGTAI
HUANJINGBU

你好，
生态环境部！

—— @生态环境部 在2018

U0252233

中国环境出版集团·北京

本书编写组

组　长

庄国泰

副组长

刘友宾

成　员

杨小玲　何家振

林　玉　凌越　连　斌

王　硕　徐萍萍　李佳雯

陈馥筠　张　伟　孟　蝶

前言

　　2018年3月22日，随着原环境保护部机构名称的变更，原环境保护部官方微博、微信公众号"环保部发布"（@环保部发布）正式更名为"生态环境部"（@生态环境部）。

　　更名后，@生态环境部 继续坚持政务新媒体的定位，及时发布权威信息，解读有关政策，回应网民关切，成为生态环境部政务公开及与公众互动的重要平台和有效渠道。

　　本书以时间为轴，收录了@生态环境部 在2018年发布的重点文章104篇。从这里，我们可以回望生态环境部自2018年3月组建以来的这一年：

　　这一年，中央生态环境保护督察组分两批对河北等20省（区）开展生态环境保护督察"回头看"，紧盯问题不放，推动解决群众身边的生态环境问题7万多件。

　　这一年，打赢蓝天保卫战重点区域强化监督持续开展，并将范围扩大至汾渭平原、长三角地区。卫星遥感、无人机航拍、热点网格……越来越多的技术手段被运用到环境执法中，环境执法打开了"千里眼"。

　　这一年，城市黑臭水体治理、水源地保护、长江保护修复、农业农村污染治理、柴油货车污染治理、渤海综合治理等七大攻坚战陆续打响，蓝天、碧水、净土保卫战全面展开。

这一年，@生态环境部 发稿4000余条，忠实地记录着生态环境部这一年的工作，而从本书收录的104篇文章则可以看出这一年中国生态环境保护工作的轮廓。

　　透过这些文字、图片、短视频，我们可以看到环保人在2018年的奋力奔跑。他们是生态环境的守护者，是美丽中国的追梦人。因此，本书也是向全国生态环保系统广大干部和职工的献礼和致敬，感谢他们这一年的辛苦付出。

　　由于编者水平有限，不妥之处，敬请批评指正。

本书编写组

写于2019年1月

目录

2018 年 5 月　　　　　　　　　　　　MAY

2018 年 6 月　　　　　　　　　　　　　JUNE

2018 年 7 月　　　　　　　　　　　　　　　　JULY

2018 年 11 月　　　　　　　　　　　NOVEMBER

3月

- 生态环境部召开第一次部常务会议
- 全国集中式饮用水水源地环境保护
  专项行动启动

2018

你好，生态环境部！

【编者按】

2018年3月22日，随着机构名称的变更，"环保部发布"正式更名为"生态环境部"。当天，一条不过200字的更名启事《你好，生态环境部！》，其微博24小时阅读量破千万，转评赞累计互动量超2.3万次，留言6000余条。留言内容中，呈现出整齐划一的"你好，生态环境部！"

"环保部发布"的朋友们，你们好！

从2016年11月22日上线至今，近500个日夜，感谢你们的陪伴。你们的关注和支持，是我们前进的动力。

近日，随着原环境保护部机构名称的变更，不断有小伙伴们在留言里问我们：什么时候改名？是的，作为生态环境部的官方微博，我们要改名啦！

即日起，"环保部发布"将正式更名为"生态环境部"。新起点，再出发，"生态环境部"期待你们一如既往地关注和支持！

再见，"环保部发布"！

你好，"生态环境部"！

你好，
生态环境部

关心环境 关心你

发布时间
2018.3.23

生态环境部发布 2018 年环境日主题：
美丽中国，我是行动者

生态环境部3月23日发布2018年六五环境日主题："美丽中国，我是行动者。"生态环境部有关负责人表示，确立该主题旨在推动社会各界和公众积极参与生态文明建设，携手行动，共建天蓝、地绿、水清的美丽中国。

党的十九大报告明确提出，加快生态文明体制改革，建设美丽中国，把我国建设成为富强民主文明和谐美丽的社会主义现代化强国。"美丽"二字首次被写入全面建设社会主义现代化强国奋斗目标。2018年的政府工作报告提出，"我们要携手行动，建设天蓝、地绿、

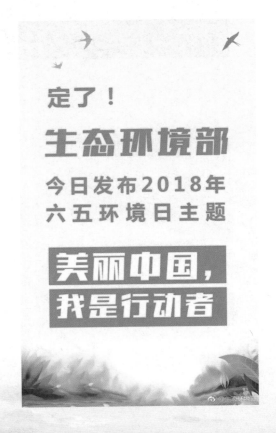

水清的美丽中国。"

美丽中国，你我共享。美丽中国，同样需要你我共建。生态环境部有关负责人表示，确定"美丽中国，我是行动者"为2018年六五环境日主题，就是希望全社会积极参与生态环境事务，尊重自然、顺应自然、保护自然，像爱护眼睛一样爱护生态环境，像对待生命一样对待生态环境，加快形成绿色生产方式和生活方式，使我们国家天更蓝、山更绿、水更清、环境更优美，让绿水青山就是金山银山的理念在祖国大地上更加充分地展示出来。

环境日期间，生态环境部将围绕环境日主题举办主场活动，各地也将围绕环境日主题开展"美丽中国，我是行动者"主题实践活动，广泛凝聚社会共识，营造全社会共同参与美丽中国建设的良好氛围。

发布时间
2018.3.26

生态环境部召开第一次部常务会议

3月26日，生态环境部党组书记、部长李干杰在北京主持召开第一次部常务会议，审议并原则通过《关于全面落实〈禁止洋垃圾入境推进固体废物进口管理制度改革实施方案〉2018—2020年行动方案》《进口固体废物加工利用企业环境违法问题专项督查行动方案（2018年）》和《垃圾焚烧发电行业达标排放专项整治行动方案》。

会议指出，禁止洋垃圾入境是党中央、国务院在新时期新形势下作出的一项重大决策部署，是我国生态文明建设的标志性举措。要坚定不移、不折不扣地落实好这项工作。要着眼于推动高质量发展，统筹考虑行动方案目标任务，全面提升我国固体废物污染防治水平。要加强部门间协调沟通，加大信息共享及联动执法力度，建立长效工作机制。要进一步完善监管制度，强化洋垃圾非法入境管控，深入实施全过程监管，确保各项任务落实到位。

会议认为，开展进口固体废物加工利用企业环境违法问题专项督查行动是深入落实党中央、国务院决策部署的重要举措，是大力发展循环经济、推动企业守法经营的有效抓手。要坚持问题导向，持续保持高压态势，严厉打击环境违法企业。严格依法依规开展工作，对违法行为查清、查实，做到事实清楚、证据明确。要科学统筹，合理调配资源，强化人力物力保障，加大与地方党委和政府及相关部门间的协作力度，确保专项行动顺利开展。要加强信息公开和宣传报道，及时发布专项行动信息，充分发挥社会与媒体监督作用，形成监管整体合力。

会议强调，治理垃圾焚烧发电行业污染是打好污染防治攻坚战的重要内容。开展行业达标排放专项整治行动将有力推动垃圾规范处置，对垃圾处理行业健康稳定发展具有重要意义。要谋划好、落实好各项工作部署，以坚强的意志和决心攻坚克难，确保落地见效。要坚决落实地方政府监管主体责任，做到责任清晰、分工明确。要严格落实企业环境治理主体责任，督促企业实现达标排放。强化督查检查，对发现的突出问题严查严办，推动行业综合整治，加快提升行业整体环境管理水平。要深入调查研究，将工作做实做细，有效防范和化解社会风险。

生态环境部领导班子成员黄润秋、赵英民、刘华、吴海英出席会议。

生态环境部机关各部门主要负责同志参加会议。

第二批中央环境保护督察公开移交案件问责情况

发布时间 2018.3.29

经党中央、国务院批准，第二批7个中央环境保护督察组于2016年11月至12月组织对北京、上海、湖北、广东、重庆、陕西、甘肃7省（市）开展环境保护督察，并于2017年4月完成督察反馈，同步移交91个生态环境损害责任追究问题。

7省（市）党委、政府高度重视，均责成纪检监察部门牵头，对移交的责任追究问题全面开展核查，严格立案审查，扎实开展问责工作。为发挥警示教育震慑作用、回应社会关切，经国家环境保护督察办公室协调，7省（市）于3月29日统一对外公开督察移交生态环境损害责任追究问题的问责情况。经汇总7省（市）问责结果，主要情况如下：

从问责人数情况看，7省（市）共问责1048人，其中省部级干部3人（甘肃祁连山生态环境破坏问题），厅级干部159人（正厅级干部56人），处级干部464人（正处级干部246人）。7省（市）在问责过程中，注重追究领导责任、管理责任和监督责任，尤其强化了领导责任。

从具体问责情形看，7省（市）被问责人员中，诫勉谈话211人，党纪政务处分777人，组织处理49人次，通报问责22人，移送司法机关10人，组织审查1人，其他处理10人。总体来看，7省（市）在问责工作中认真细致，实事求是，坚持严肃问责、权责一致、终身追责原则，为不断强化地方党委、政府环境保护责任意识发挥了重要作用。

从问责人员分布看，7省（市）被问责人员中，地方党委36人，地方政府209人，地方党委和政府所属部门644人，国有企业107人，其他有关部门、事业单位人员52人。被问责人员基本涵盖环境保护工作的相关方面，体现了环境保护党政同责和一岗双责的要求。

从上述移交问题分析，涉及环境保护工作部署推进不力、监督检查不到位等不作为、慢作为问题占比约40%；涉及违规决策、违法审批等乱作为问题占比约30%；涉及不担当、不碰硬，甚至推诿扯皮，导致失职失责问题占比约25%，其他有关问题占比约5%。

3月28日下午，习近平总书记主持召开中央全面深化改革委员会第一次会议，审议通过了《关于第一轮中央环境保护督察总结和下一步工作考虑的报告》。会议高度肯定了第一轮中央环境保护督察取得的显著成效，明确要求要以解决突出环境问题、改善环境质量、推动经济高质量发展为重点，夯实生态文明建设和环境保护政治责任，推动环境保护督察向纵深发展。

生态环境部将认真贯彻落实习近平总书记重要讲话和会议精神，坚决扛起生态文明建设和环境保护的政治责任，一是紧紧围绕打好污染防治攻坚战，特别是打赢蓝天保卫战，开展第一轮环境保护督察"回头看"；二是再用三年左右时间，完成第二轮中央环境保护督察全覆盖；三是针对污染防治攻坚战的一些关键领域，每年组织机动式、点穴式环境保护专项督察；四是建立中央和省两级督察体系，不断完善环境保护长效机制，推动经济高质量发展。

发布时间
2018.3.29

生态环境部等7部委联合启动"绿盾2018" 自然保护区专项行动

　　生态环境部、自然资源部、水利部、农业农村部、国家林业和草原局、中国科学院和国家海洋局近日联合启动"绿盾2018"自然保护区监督检查专项行动。这是国务院机构改革方案出台后，新组建的生态环境部等7部门联合开展的一次重要专项行动。

　　这次专项行动在"绿盾2017"专项行动的基础上，进一步突出问题导向，将检查对象扩展到所有469个国家级自然保护区和847个省级自然保护区存在的突出环境问题，主要内容包括对"绿盾2017"专项行动问题整改进行"回头看"、坚决查处自然保护区内新增违法违规问题、重点检查国家级自然保护区管理责任落实不到位的问题、严格督办自然保护区问题排查整治工作4个方面，坚决制止和惩处破坏自然保护区生态环境的违法违规行为，严肃追责问责，落实管理责任，始终保持高压态势，对发现的问题扭住不放、一抓到底，充分发挥震慑、警示和教育作用。

　　依照时间进度，2018年3月底和5月底前，生态环境部分别印发国家级自然保护区和省级自然保护区最新遥感监测问题清单，各省（区、市）制订本省（区、市）专项行动工作方案，全面启动相关工作。7月底前，各省（区、市）将本省

（区、市）专项行动结果同时报送生态环境部及有关行政主管部门。8月至9月，7部门将联合组成巡查组对各地自然保护区问题排查整治工作进行巡查督办，检查各地政府和保护区管理机构专项工作实施情况。对查处和整改问题不力或仍存在较大问题的自然保护区所在市县级人民政府及省级自然保护区相关主管部门进行公开约谈或重点督办，督促其整改。2018年年底前，7部门编制形成本次专项行动总结报告，向国务院报告，并向全社会通报专项行动工作情况及结果。

专项行动要求各地公布举报电话和信箱，公开征集问题线索，鼓励公众积极举报涉及自然保护区的违法违规行为，定期向社会公开专项行动进展情况，努力营造社会公众积极参与的良好氛围。

3月27日，7部委联合召开了部署视频会。生态环境部部长李干杰表示，持续深入开展绿盾专项行动，给自然保护区来一个"大扫除"，保护好自然保护区的"天生丽质"，还自然以宁静、和谐、美丽。

发布时间
2018.3.29

9个国控空气质量监测站点受到喷淋干扰 多名责任人受到严肃处理

2017年12月至2018年1月，原环境保护部对国家环境空气质量监测网自动监测站点（以下简称国控站点）组织检查时，发现9个国控站点受到喷淋干扰。现通报如下：

2017年11月26日，云南省红河州污水处理厂国控站点被雾炮车喷淋干扰。经调查，红河州蒙自市环卫部门雾炮车喷雾作业时，干扰了国控站点正常监测。

2017年11月27日，江西省吉安市红声器材厂国控站点被雾炮车喷淋干扰。经调查，长沙玉诚环境景观工程有限公司吉安分公司实施喷雾降尘时，干扰了国控站点正常监测。

2017年12月6日至7日，湖南省邵阳市一中、市化工厂国控站点被雾炮车喷淋干扰。经调查，邵阳市城管局使用雾炮车实施喷雾作业时，干扰了国控站点正常监测。

2018年1月15日，有7人擅自进入湖南省常德市白鹤山国控站点采样平台。经调查，其中有2人隔着栅栏用水瓢向采样头洒水。

2017年12月4日至8日，江苏省徐州市鼓楼区政府、江苏省农业科学院国控站点被雾炮车喷淋干扰。经调查，徐州市鼓楼区城管局、徐州市经济技术开发区综合行政执法局使用雾炮车进行喷淋降尘时，干扰了国控站点正常监测。

2017年12月7日，湖北省襄阳市航空路国控站点被雾炮车喷淋干扰。经调查，襄阳市襄州区城管局使用雾炮车喷雾抑尘作业时，干扰了国控站点正常监测。

2017年12月24日，广西壮族自治区玉林市监测站国控站点所在楼顶有自动喷淋装置正对绿植和周围喷水。经调查，玉林市环保局使用自动喷淋系统浇灌周围绿植时，干扰了办公楼顶国控站点正常监测。

生态环境部分别责成上述省（区）环保部门严肃查处。目前，各地已对相关责任人员分别给予免职、行政降级、行政记过、警告、诫勉谈话和辞退等严肃处理，并在当地主流媒体公开曝光。生态环境部将持续开展环境监测质量随机检查，对监测数据弄虚作假行为零容忍，发现一起、查处一起，对构成犯罪的，依法移交司法机关追究刑事责任。

发布时间
2018.3.29

独家视频！时隔 26 年，陕西长青保护区再次拍摄到野生棕色大熊猫

2018年3月11日，原环境保护部建设的生物多样性观测网络利用红外相机在陕西长青国家级自然保护区一观测位点拍摄到一只健康的成年野生棕色大熊猫个体，共拍摄到3张照片和1段时长10秒钟的视频。

棕色大熊猫是一种较为罕见的大熊猫变种个体，其胸部为深棕色，腹部为棕色，下腹部毛尖棕色、毛干白色。目前，世界上有科学记载的棕色大熊猫发现地点均在陕西秦岭山脉核心地区。

此次发现的棕色大熊猫，是生态环境部生物多样性观测网络利用红外相机技术首次拍摄到的野生棕色大熊猫，是继北京大学潘文石教授大熊猫研究小组1992年2月于长青保护区发现野生棕色大熊猫之后的第2次记录，也是秦岭地区第9次发现野生棕色大熊猫个体。

野生棕色大熊猫在野外的不断发现，进一步证实了该种群在秦岭地区的存在和生存状况，对于研究秦岭大熊猫有着极高的科研价值，凸显了生物多样性观测工作的重要性。

为全面掌握我国生物多样性变化情况，自2011年起，原环境保护部自然生态保护司就开始着手构建全国生物多样性观测网络。观测网络由原环境保护部南京环境科学研究所具体承担，近年来逐步建立了鸟类、两栖类、蝴蝶和哺乳类观测网络，对重点物种和关键物种多样性的变化动态及受威胁因素开展长期观测。目前参与观测的单位达150多个，每年观测人员约3500人，初步形成了具有国际影响力的生物多样性观测网络。

发布时间 2018.3.30 生态环境部、水利部部署全国集中式饮用水水源地环保专项行动

3月30日下午，生态环境部和水利部在北京联合召开全国集中式饮用水水源地环境保护专项行动（以下简称专项行动）动员部署视频会议，生态环境部有关负责人出席会议并讲话，水利部水资源司有关负责同志出席。

经国务院同意，原环境保护部、水利部已于2018年3月9日向各省、自治区、直辖市人民政府和新疆生产建设兵团联合印发《全国集中式饮用水水源地环境保护专项行动方案》。此次会议是对专项行动的具体部署和动员。

生态环境部有关负责人指出，党中央、国务院一直高度重视饮用水水源地环境保护工作，不仅将保障人民群众饮用水安全视为生态环境领域的重中之重，更是将这项工作提升到社会稳定和民生工程的高度。党的十九大明确提出，从现在到2020年，要坚决打好防范化解重大风险、精准脱贫、污染防治的攻坚战。开展饮用水专项行动，全面解决当前影响饮水安全的环境隐患问题，不仅是打好污染防治攻坚战的重要内容，更是落实"防范化解重大风险"决策部署的一项务实举措。

为深入贯彻习近平总书记关于长江经济带"共抓大保护、不搞大开发"的决策部署，原环境保护部在2016年、2017年已经组织开展了长江经济带饮用水水源地环境保护执法专项行动，对地级及以上饮用水水源地开展排查整治。截至2017年年底，排查发现的490个问题全部完成整治，取得了显著成效。同时，原环境保护部提前谋划，于2017年12月部署全国各级环保部门先行对全国饮用水水源地开展排查，全面掌握饮用水水源地环境保护现状，为此次专项行动的开展奠定了坚实基础。

生态环境部有关负责人强调，要充分借鉴过去两年的工作经验，在各级环保部门目前已开展的排查工作基础上，继续紧紧围绕《环境保护法》《水污染防治法》等法律法规的相关规定，聚焦"划、立、治"3项工作内容，最终实现"保"工作目标。"划"是指划定饮用水水源保护区，"立"是指设立保护区边界标志，"治"是指清理整治饮用水水源保护区内的违法问题。通过划定饮用水水源保护区、设立保护区边界标志、清理整治违法项目，全面提升饮用水水源地的水质安全保障水平。

对比过去两年，此次专项行动有不少新的特点：

一是整治范围更加广泛。在前两年工作的基础上，2018年年底前，要全部完成长江经济带县级和其他地区地级及以上地表水型水源地清理整治。2019年年底前，要全部完成其他地区县级地表水型水源地清理整治。

二是更加压实地方政府责任。饮用水水源地保护是地方人民政府的法定职责。此次专项行动方案经国务院批准印发各省级人民政府，由其负责组织制订总体行动实施方案，督促指导市、县开展工作，核查整改情况，加强跟踪督办。市、县人民政府则负责具体的排查整治工作，按照"一个水源地、一套方案、一抓到底"的原则，建立问题清单整改销号制度，保证每个问题都得到有效解决。

三是更加强调信息公开。专项行动要求各地政府在当地官方报纸和政府网站上开设饮用水水源地环境保护专项行动专栏，及时公开问题清单和整治进展情

况。从2018年4月起，生态环境部也将通过官方网站、微信和微博，及时公开各地问题清单和整治进展情况。

生态环境部有关负责人表示，作为2018年重点攻坚的"七大战役"之一，生态环境部将对各地饮用水水源地环境保护专项行动开展情况开展大督查，同时对长江经济带地级及以上城市水源地开展"回头看"，重点督办各地水源地"划""立""治"工作完成情况。对履职不力、弄虚作假、进展迟缓、水质恶化的，将予以通报批评、公开约谈；情节严重的，将移送地方按不同情形进行追责。

本月盘点

微博： 本月发稿342条，阅读量51498932；

微信： 本月发稿227条，阅读量1630199。

4月

- 生态环境部正式揭牌
- 生态环境部针对公众集中反映问题
  向地方人民政府发"预警函"

2018

生态环境部召开部党组（扩大）会议传达学习习近平总书记关于打好污染防治攻坚战的重要讲话精神

发布时间
2018.4.3

　　4月3日，生态环境部党组书记、部长李干杰主持召开部党组（扩大）会议，传达学习习近平总书记4月2日下午在中央财经委员会第一次会议上关于打好污染防治攻坚战的重要讲话精神，研究部署有关细化落实措施和责任分工。

　　会议指出，党的十九大提出要坚决打好污染防治等三大攻坚战，这是以习近平同志为核心的党中央站在坚持和发展中国特色社会主义事业全局，顺应人民对美好生活的向往和我国发展特有的阶段性特征，决胜全面建成小康社会宏伟目标，作出的重大决策部署。中央财经委员会刚刚成立，习近平总书记主持召开的第一次会议就听取打好污染防治攻坚战的思路和举措汇报，并做重要讲话，明确攻坚战的目标任务、标志性的重大战役和重点保障措施，充分体现了党中央对打好污染防治攻坚战的坚强决心和坚定信心。

　　会议强调，习近平总书记的重要讲话是我们打好污染防治攻坚战的根本遵循和行动指南，全国生态环境部门要进一步提高政治站位，牢固树立"四个意识"，坚定"四个自信"，深入学习领会习近平总书记重要讲话和中央财经委员会第一次会议精神，务必在学懂、弄通、做实上下功夫，切实把思想、认识和行动统一到以习近平同志为核心的党中央决策部署上来，凝心聚力、攻坚克难，扎扎实实做好各项工作。

会议指出，习近平总书记的重要讲话明确要求，要打几场标志性的重大战役，具体包括打赢蓝天保卫战，打好柴油货车污染治理、城市黑臭水体治理、渤海综合治理、长江保护修复、水源地保护、农业农村污染治理七大攻坚战。我们要把这七场标志性的重大战役，作为打好污染防治攻坚战的突破口和"牛鼻子"，抓紧制订作战计划和方案，细化目标任务、重点举措和保障条件，做到按图施工、挂图作战，以重点突破带动整体推进，确保七大攻坚战役三年时间明显见效。

会议要求，按照党中央、国务院确定的时间节点，倒排工期、稳妥有序地推进生态环境部组建任务落地，同时还要紧锣密鼓地做好第八次全国环境保护大会筹备工作，为打好污染防治攻坚战提供更加坚实的机构队伍和政策保障。

会议还研究了其他事项。

生态环境部党组成员、副部长翟青、刘华，中央纪委驻生态环境部纪检组长、党组成员吴海英，部党组成员、副部长庄国泰出席会议。

生态环境部机关各部门主要负责同志列席会议。

发布时间 2018.4.4	生态环境部召开会议宣布对孟伟严重违纪问题的处分决定

4月4日，生态环境部在中国环境科学研究院（以下简称环科院）召开干部会议，通报原党委副书记、院长孟伟严重违纪问题，宣布对孟伟的处分决定。生态环境部有关负责人出席会议并讲话。

会议首先通报了孟伟严重违纪问题。孟伟身为党员领导干部，理想信念丧失、党员意识淡薄，严重违反政治纪律、中央八项规定精神、组织纪律、廉洁纪律、群众纪律和国家法律法规，且在党的十八大后仍不收敛、不收手，其违纪行为性质恶劣、情节严重。其中，滥用职权、受贿等问题涉嫌犯罪，已移送有关国家机关处理。依据《中国共产党纪律处分条例》《事业单位工作人员处分暂行条例》等有关规定，决定给予孟伟开除党籍、开除公职处分。

有关负责人表示，对孟伟严重违纪问题的查处，体现了党中央坚持全面从严治党、坚决惩治腐败的坚强意志和坚定决心，生态环境部党组坚决拥护。

有关负责人强调，环科院各级党组织和党员领导干部要切实提高政治站位，从厚植党的执政基础、维护党中央权威的高度深刻理解这一决定，自觉把思想统一到部党组决定精神上来，坚决清除孟伟严重违纪恶劣影响，彻底消除环科院政治生态的污染源，重新构建风清气正的政治生态。要敢于担当，切实扛起全面从严治党的政治责任，坚持从严教育监督管理干部，坚持抓早抓小抓常，用纪律和规矩管住党员干部大多数。要从孟伟严重违纪问题深刻吸取教训，举一反三，认真做好整改工作。在部党组和驻部纪检组的领导下，高标准、高质量开展专项整改教育和警示教育，完善各项管理制度，扎实推进作风整顿，坚定不移把党中央关于全面从严治党的决策部署落到实处，切实发挥对生态环境保护工作的重要支撑作用，不辜负党中央、部党组和人民群众的殷切期望。

环科院表示，坚决拥护生态环境部给予孟伟"双开"处分的决定。环科院将以习近平新时代中国特色社会主义思想为指导，深入开展专项整改教育，将政治建设摆在首位，把纪律规矩挺在前面，持之以恒正风肃纪，以"永远在路上"的执着坚定不移推进全面从严治党，重塑风清气正的良好政治生态。

发布时间
2018.4.10

生态环境部常务会议审议通过《关于聚焦长江经济带坚决遏制固体废物非法转移和倾倒专项行动方案》

4月9日，生态环境部部长李干杰在北京主持召开生态环境部常务会议，审议并原则通过《关于聚焦长江经济带坚决遏制固体废物非法转移和倾倒专项行动方案》（以下简称《行动方案》）和《2018—2020年生态环境信息化建设方案》（以下简称《建设方案》）。

会议指出，以习近平同志为核心的党中央高度重视固体废物污染防治工作，把加强固体废物和垃圾处置作为当前和今后一个时期需要着力解决的突出环境问题。针对近期发生的多起非法转移和倾倒固体废物案件，习近平总书记等中央领导同志作出重要批示。全国生态环境部门一定要深入贯彻落实习近平总书记重要批示和党的十九大精神，牢固树立和增强"四个意识"，进一步提高政治站位，上下联动、协同配合，聚焦长江沿岸固体废物非法转移和倾倒问题，严厉打击非法行为，切实保护长江"母亲河"的生态环境安全。

会议强调，要按照《行动方案》突出重点、标本兼治开展专项行动，以长江经济带11个省（直辖市）作为重点区域，认真排查沿江沿岸固体废物，督促当地政府及时妥善处置。要查清源头，严格追究固体废物产生企业和所在地政府责任，督促固体废物产生地政府尽快建立健全废物处置机制，切实消除环境隐患。要及时将专项行动中发现的问题移交市、县（区）两级人民政府限期解决，并将问题整改情况作为中央环保督察"回头看"重要内容，强化督察问责。要强化信息公开和宣传报道，充分利用好社会监督力量，共同打好这场战役。

会议认为，信息化是驱动现代化建设的先导力量。党的十九大把网络强国作为创新型国家的基本内涵，习近平总书记多次主持会议专题研究推动大数据建设和应用，集中体现了党中央对信息化工作的高度重视。大数据、"互联网"、人工智能等信息技术正成为推进生态环境治理体系和治理能力现代化的重要手段。生态环境信息化建设关系生态环境保护工作能否迈上新台阶、提升新水平、开创新局面，对打好污染防治攻坚战具有重要的支撑作用。

会议强调，要根据当前工作总体形势，建设生态环境大数据、大平台、大系统，形成生态环境信息"一张图"。关键在于完善生态环境信息化工作体制机制，推动信息化建设重大任务统筹规划、统筹建设、统筹应用。抓紧组织实施《建设方案》，做好年度任务分解，明确重点项目责任部门、时间节点和考核目标。推动跨部门生态环境信息共享，强化数据分析和应用。加强网络安全工作，强化网络安全技术防护，落实网络安全责任。

生态环境部副部长翟青、赵英民、刘华，中央纪委驻生态环境部纪检组长吴海英，副部长庄国泰出席会议。

生态环境部机关各部门主要负责同志列席会议。

发布时间
2018.4.16

生态环境部正式揭牌

【编者按】

2018年3月17日,十三届全国人大一次会议表决通过了关于国务院机构改革方案的决定,批准了这个方案。根据该方案,将组建生态环境部。

新组建的生态环境部整合了分散在各部门的生态环境保护职责,加强统一监管,实现"五个打通"。这是自1974年国务院设立环境保护领导小组以来,国家环境保护行政机构的第七次变革,40多年来,我国环境保护行政机构历经五次重大跨越,逐步从"小环保"成长为"大环境"。

4月16日上午,新组建的生态环境部正式揭牌。李干杰任党组书记、部长。新部门的生态环境监管职能得到强化、监管领域得以拓展,对建设美丽中国具有十分重要的意义。

（来源：新华社　记者：高敬、王海权）

发布时间
2018.4.19

秋冬季大气污染综合治理攻坚行动目标超额完成

为切实做好大气污染防治工作，2017年，原环境保护部联合9部委和京津冀及周边6省（市）人民政府共同启动了"京津冀及周边地区2017—2018年秋冬季大气污染综合治理攻坚行动"（以下简称攻坚行动），确保2017年10月至2018年3月，京津冀大气污染传输通道城市（简称"2+26"城市）$PM_{2.5}$平均浓度同比下降15%以上，重污染天数同比下降15%以上。

在9部委和6省（市）人民政府，以及社会各方的共同努力下，攻坚行动进展顺利。

一是以"散乱污"综合整治为重点，优化产业结构。 "2+26"城市共排查整治涉气"散乱污"企业6.2万家，据估算，对$PM_{2.5}$浓度下降贡献率达30%左右。

二是以散煤清洁化替代为重点，优化能源结构。 2017年，"2+26"城市淘汰燃煤小锅炉5.6万台，完成"双替代"394万户，共替代散煤1000万吨左右。

三是以公路转铁路为重点，优化交通结构。 2017年，环渤海港口铁路运输煤炭同比增加近20%，全面完成集输港煤炭"公转铁"。

四是全面开展重点行业综合治理，加强无组织排放管理。 全面推进排污许可管理，重点领域重点治理，实施工业源全面达标排放行动计划，烟气排放自动监控全覆盖；对"2+26"城市钢铁、焦化、铸造、电解铝、化工等行业实施错峰生产、错峰运输。

五是准确预报重污染，及时妥善应对。实现空气质量3天准确预报和7天潜势分析，污染过程预报准确率接近100%，污染级别预报准确率75%以上；"2+26"城市统一预警、联动应对，夯实预案清单。据测算，通过开展重污染天气应对，实际空气质量污染程度均比预测结果降低了1～2个级别。

六是加强科学研究，支撑精准施治。启动大气重污染成因与治理攻关项目，"一市一策"跟踪研究，开展精细化来源解析，提出可操作性强的城市大气污染防治综合解决方案和区域总体解决方案。

监测数据显示，2017年10月至2018年3月，"2+26"城市$PM_{2.5}$平均浓度为78微克/立方米，同比下降25.0%，重污染天数为453天，同比下降55.4%，均大幅超额完成下降15%的攻坚行动目标。

<table>
<tr><td>发布时间</td></tr>
<tr><td>2018.4.19</td></tr>
</table>

生态环境部等 4 部委联合调整进口废物管理目录

　　近日，生态环境部、商务部、发展和改革委、海关总署联合印发《关于调整〈进口废物管理目录〉的公告》（以下简称《公告》），分批调整《进口废物管理目录》：将废五金、废船、废汽车压件、冶炼渣、工业来源废塑料等16种固体废物调整为禁止进口，自2018年12月31日起执行；将不锈钢废碎料、钛废碎料、木废碎料等16种固体废物调整为禁止进口，自2019年12月31日起执行。

　　2017年7月，中国政府发布《禁止洋垃圾入境推进固体废物进口管理制度改革实施方案》（以下简称《实施方案》），明确提出"分批分类调整进口固体废物管理目录"，"逐步有序减少固体废物进口种类和数量"。原环境保护部会同有关部门在2017年年底已将生活来源废塑料、未经分拣废纸、废纺织品、钒渣4类24种固体废物调整为禁止进口。此次目录调整是推进固体废物进口管理制度改革的又一项重要改革措施。

　　限制和禁止固体废物进口是贯彻落实新发展理念、着力改善生态环境质量、保障国家生态安全和人民群众健康的一项重大举措。党中央、国务院高度重视，党的十九大报告明确将加强固体废物和垃圾处置作为着力解决突出环境问题的重要内容，2018年的政府工作报告把加强固体废物和垃圾分类处置、严禁"洋垃圾"入境作为当年的一项重点工作。

下一步，生态环境部将会同有关部门全面贯彻落实党的十九大精神和政府工作报告要求，认真落实党中央、国务院决策部署，坚定不移，从严把握，不折不扣地落实好《实施方案》，确保各项改革措施落地见效，严禁"洋垃圾"入境。

生态环境部！
——@ 生态环境部 在2018

发布时间
2018.4.22

生态环境部通报：将对广州海滔公司 污泥非法倾倒问题开展专项督察

　　2018年3月，生态环境部接到群众举报，广州市海滔环保科技有限公司存在非法倾倒污泥问题。生态环境部高度重视，缜密部署，立即派出暗查组赴现场进行调查核实，暗查组通过蹲点、跟踪和无人机拍摄等手段，掌握了海滔公司涉嫌非法倾倒污泥的证据材料。

　　经初步调查，海滔公司位于广州市增城区新塘镇，主营业务为污水处理及其再生利用，收集、贮存、处理、处置生活污泥，主要承接处置广州市城镇污水处理污泥。经暗查蹲点跟踪，发现海滔公司于每日19时至23时将污泥集中运至距离该公司约12公里的广州碧桂园陈家林建筑工地，每天运出的污泥在15车次左右，每车次约20吨。暗查组使用无人机跟踪运输车去向，发现其在建筑工地倾倒污泥后原路返回，其间使用钩机配合倾倒并使用土方将污泥覆盖填埋。

　　生态环境部已将掌握的证据材料移交广东省环境保护厅，责成其对海滔公司进行全面执法检查，对发现的环境违法问题依法查处，并督促海滔公司对填埋的污泥妥善处置。据了解，生态环境部拟于近期对海滔公司污泥非法倾倒问题开展专项督察。

发布时间
2018.4.23

生态环境部针对公众集中反映问题
向地方人民政府发"预警函"

【编者按】

　　2018年4月16日，生态环境部正式挂牌。从这一天起，央视二套《经济半小时》连续五天曝光农村环境污染问题，引发社会关注。生态环境部在对央视曝光案件采取挂牌督办等措施的同时，于4月18日至23日，通过@生态环境部 密集发布8篇稿件，又连续曝光了多起环境违法典型案例。各大主流媒体对@生态环境部 发布的案例纷纷转载，广大网民和环保组织对生态环境部集中曝光生态环境问题一片叫好。在各大主流媒体发表相关报道之后，@生态环境部 随即又大量转发这些报道，并先后发布了24篇网评文章。4月19日，央视一套对生态环境部相关部门负责人就环境违法案件曝光问题进行独家专访，并在《新闻联播》等栏目播出，@生态环境部 也及时转发。实践证明，生态环境部门主动客观曝光生态环境问题其实也是正面宣传，不仅没有负面影响，而且能够集聚正能量，提高政府公信力，增强全社会解决生态环境问题的信心和希望。

生态环境部有关负责人表示，生态环境部对近半年以来的公众举报进行了筛查，近期将针对山西省太原市黑猫炭黑厂等11家重复举报或集中举报的单位（名单附后）向有关地方下发"预警函"，责成地方监督相关企业，解决群众反映的突出环境问题。

生态环境部高度重视公众举报，通过各地"12369"热线、微信、网上举报等渠道关注环境热点问题。2017年针对17个公众集中反映的问题，向7个省的环保部门下发了"预警函"，督促各地采取措施治理污染，有效解决了一批公众长期反映的"老大难"问题。

11家重复举报或集中举报的单位名单

1. 山西省太原市黑猫炭黑厂。2018年以来，公众持续反映该企业雨季废水经常泄漏，污染周边耕地，生产中碳粉四处飘散。

2. 山西省忻州市梁家碛露天煤矿。2017年以来，公众持续反映该企业24小时开采过程中机器噪声巨大、粉尘四处飘散，还常有煤堆燃烧产生大量黑烟。

3. 广东省惠州市粤旺实业有限公司。2017年下半年，公众集中反映该企业开采、碎石过程中粉尘污染严重，周边道路建筑上覆盖大量粉尘。

4. 广东省梅州市华阳采石场。2017年以来，公众曾集中反映该企业在开采、碎石过程中粉尘污染严重。

5. 江西省吉安市优特利科技有限公司。2017年以来，公众持续反映该企业生产过程中噪声污染严重、周边粉尘异味严重。

6. **黑龙江省哈尔滨市鼎丰货场。**2017年以来，公众持续反映该企业长期装卸运输煤，运输装卸噪声24小时不停，并且煤堆露天堆放，煤粉污染严重。

7. **内蒙古自治区赤峰市强大骨粉饲料厂。**2017年下半年，公众曾集中反映该企业废水污染严重，废弃物随意堆放产生恶臭。

8. **浙江省临安鑫丰生物质科技有限公司。**2017年下半年以来，公众曾集中反映该企业夜间生产排放白烟，周边粉尘污染很明显。

9. **河南省洛阳市榕拓焦化有限公司。**2017年以来，公众持续反映该企业夜间排放蓝色烟雾，生产异味严重，还伴有粉尘飘散。

10. **河南省平顶山市大地水泥有限公司。**2017年以来，公众持续反映该企业采石爆破时粉尘污染严重。

11. **湖北省荆门市金鼎新型建材公司。**2017年下半年，公众曾集中反映该企业煤气味道非常刺鼻，大气污染严重。

发布时间
2018.4.25

生态保护红线划定推进会议在北京召开

生态环境部4月20日在北京召开会议，部署推进山西、内蒙古、辽宁、吉林、黑龙江、福建、山东、河南、广东、广西、海南、西藏、陕西、甘肃、青海、新疆16省区和新疆生产建设兵团的生态保护红线划定工作。生态环境部有关负责同志出席会议并讲话。

会议指出，各地要认真学习贯彻习近平总书记关于生态保护红线的重要论述，进一步增强"四个意识"，把思想和行动统一到党中央、国务院关于生态保护红线的决策部署上来，切实增强责任感和使命感，加快划定生态保护红线，推动建立生态保护红线制度，既把生态保护红线划得实、能落地，也让生态保护红线守得住、有权威。

自2017年2月中办、国办《关于划定并严守生态保护红线的若干意见》发布以来，各地各部门认真贯彻落实党中央、国务院决策部署，按照有关要求，国家层面出台了划定指南等一系列技术规范，地方各级党委和政府切实履行划定并严守生态保护红线的主体责任，生态保护红线工作取得积极进展。

2018年2月，国务院批准了京津冀3省（市）、长江经济带11省（市）和宁夏回族自治区共15省（区、市）生态保护红线划定方案，山西等其余16省（区）将于当年年底前完成生态保护红线划定，最终汇总形成生态保护红线全国"一张图"。按照2018年生态保护红线工作进度安排，将重点开展以下4方面工作：

一是加快形成生态保护红线全国"一张图"；

二是启动生态保护红线勘界定标试点；

三是加快制定生态保护红线管理办法，鼓励地方立法；

四是全面启动生态保护红线监管平台建设。

会议强调，山西等16省（区）和新疆生产建设兵团生态保护红线划定结果是形成全国"一张图"的关键，在划定过程中，一是要按照时间要求，倒排工期，有计划推进各项工作。二是要精益求精，始终做到科学评估、依法划定，始终做到精准落图。三是要做好部门衔接、规划衔接、上下衔接、跨区域衔接和陆海衔接5个方面的衔接工作，确保生态保护红线准确落地。

山西等16省（区）和新疆生产建设兵团介绍了生态保护红线划定的最新进展情况，河北和重庆做了经验交流，技术专家委员会有关同志就有关技术问题进行了讲解。

各有关省（区、市）环境保护厅（局）、新疆生产建设兵团环境保护局的生态保护红线管理人员，生态环境部自然生态保护司、生态保护红线工作领导小组技术专家委员会和办公室成员等共计80余人参会。

发布时间
2018.4.28

收照片啦！"中国生态环境保护 40 年" 掠影老照片征集启事

一张老照片，可以讲一个故事，诉说一段历史。2018年是中国改革开放40周年。40年来，从经济体制改革到全面深化改革，推动中国发生了翻天覆地的变化。在此过程中，中国的生态环境保护工作也经历了从无到有、从弱到强、从"小环保"到"大环境"的深刻变革。如果您手中留存了这样的老照片：它记录了中国生态环境保护工作的某个历史片段，或是某位环保人，抑或普通公众投身生态环境保护事业的某个场景，请发照片给我们。

本月盘点

微博：本月发稿321条，阅读量16855074；

微信：本月发稿224条，阅读量1399698。

5月

- 生态环境部通报京津冀大气污染传输通道城市秋冬季空气质量目标完成情况及考核结果
- 第一批中央环境保护督察"回头看"全面启动

2018

生态环境部通报京津冀大气污染传输通道城市秋冬季环境空气质量目标完成情况及考核结果

发布时间
2018.5.3

【编者按】

2017年8月，原环境保护部、发展和改革委等10部门，京津冀等6省市联合印发《京津冀及周边地区2017—2018年秋冬季大气污染综合治理攻坚行动方案》。这是原环境保护部首次制订非年度、季节性的大气治理方案，也是第一次设定秋冬季节大气污染治理的量化指标，并规定了量化问责措施。该方案提出，2017年10月至2018年3月，京津冀大气污染传输通道城市PM$_{2.5}$平均浓度要同比下降15%以上，重污染天数同比下降15%以上。

2018年5月，生态环境部通报了京津冀大气污染传输通道城市"双降15%"目标的完成情况及考核结果，邯郸、阳泉、晋城3个城市的考核结果为不合格。5月3日，生态环境部就大气污染防治问题约谈了晋城、邯郸和阳泉3市政府主要负责同志，并同步暂停3市新增大气污染物排放的建设项目环评审批。

按照《京津冀及周边地区2017—2018年秋冬季大气污染综合治理攻坚行动方案》（以下简称《攻坚方案》）和《2017年度空气质量改善目标完成情况考核评估工作细则》（以下简称《工作细则》）要求，生态环境部对京津冀大气污染传输通道城市（以下简称"2+26"城市）空气质量改善目标完成情况进行评估考核，并向相关省和城市人民政府发送《关于通报京津冀大气污染传输通道城市秋冬季环境空气质量目标完成情况的函》（以下简称《通报》）。

《通报》指出，2017年10月至2018年3月"2+26"城市$PM_{2.5}$平均浓度为78微克/立方米（$\mu g/m^3$），同比下降25.0%，重污染天数为453天，同比下降55.4%，均大幅超额完成《攻坚方案》提出的下降15%的改善目标。

2017年10月至2018年3月，"2+26"城市$PM_{2.5}$平均浓度最低的3个城市依次是北京、廊坊和天津，分别为$53\mu g/m^3$、$58\mu g/m^3$和$63\mu g/m^3$；浓度最高的3个城市依次是邯郸、邢台和安阳，分别为$102\mu g/m^3$、$97\mu g/m^3$和$96\mu g/m^3$。

重污染天数最少的4个城市依次是廊坊、长治、济南、阳泉，分别为5天、6天、8天、8天；重污染天数最多的3个城市依次是邯郸、安阳和石家庄，分别为32天、30天、30天。

从改善幅度看，"2+26"城市$PM_{2.5}$平均浓度均同比下降，降幅最大的3个城市为北京、石家庄和保定，同比分别下降44.2%、42.1%和39.7%；而晋城、阳泉、邯郸3个城市与目标值相比改善的幅度最小，分别下降3.7%、12.2%、15.7%，均未完成《攻坚方案》改善目标。

重污染天数降幅最大的3个城市依次是廊坊、北京、太原，分别下降86.1%、74.4%、74.3%；晋城同比持平，济宁同比下降7.7%，未完成《攻坚方案》改善目标。

《京津冀及周边地区2017—2018年秋冬季大气污染综合治理攻坚行动方案》空气质量目标完成情况

排名	城市	PM₂.₅ 平均浓度（微克／立方米）					重污染天数					考核等级
		2016年秋冬季	2017年秋冬季	同比变幅	目标	完成率	2016年秋冬季	2017年秋冬季	同比变幅	目标	完成率	
1	廊坊	96	58	-39.6%	-18%	220%	36	5	-86.1%	-15%	574%	优秀
2	德州	104	71	-31.7%	-15%	211%	39	12	-69.2%	-15%	461%	优秀
3	保定	141	85	-39.7%	-22%	180%	69	21	-69.6%	-20%	348%	优秀
4	北京	95	53	-44.2%	-25%	177%	39	10	-74.4%	-20%	372%	优秀
5	新乡	102	76	-25.5%	-15%	170%	27	19	-29.6%	-15%	197%	优秀
6	石家庄	164	95	-42.1%	-25%	168%	84	30	-64.3%	-20%	322%	优秀
7	鹤壁	103	72	-30.1%	-18%	167%	36	15	-58.3%	-15%	389%	良好
8	聊城	103	79	-23.3%	-15%	155%	33	14	-57.6%	-15%	384%	良好
9	长治	85	72	-15.3%	-10%	153%	14	6	-57.1%	-10%	571%	优秀
10	衡水	115	84	-27.0%	-18%	150%	46	20	-56.5%	-15%	377%	优秀
11	安阳	134	96	-28.4%	-20%	142%	53	30	-43.4%	-18%	241%	优秀
12	滨州	94	70	-25.5%	-18%	142%	28	10	-64.3%	-16%	429%	良好
13	唐山	102	71	-30.4%	-22%	138%	38	11	-71.1%	-20%	356%	优秀
14	淄博	93	74	-20.4%	-15%	136%	22	11	-50.0%	-15%	333%	良好
15	天津	95	63	-33.7%	-25%	135%	35	10	-71.4%	-20%	357%	优秀
16	济南	91	69	-24.2%	-18%	134%	20	8	-60.0%	-15%	400%	良好
17	焦作	113	86	-23.9%	-18%	133%	40	25	-37.5%	-15%	250%	良好
18	沧州	99	77	-22.2%	-18%	123%	35	15	-57.1%	-15%	381%	良好
19	邢台	128	97	-24.2%	-20%	121%	56	26	-53.6%	-18%	298%	良好
20	开封	95	84	-11.6%	-10%	116%	27	20	-25.9%	-10%	259%	合格
21	济宁	78	69	-11.5%	-10%	115%	13	12	-7.7%	-10%	77%	合格
22	濮阳	100	84	-17.0%	-15%	113%	37	16	-56.8%	-15%	379%	合格
23	菏泽	98	82	-16.3%	-15%	109%	27	19	-29.6%	-15%	197%	合格
24	郑州	106	83	-21.7%	-20%	109%	34	20	-41.2%	-15%	275%	合格
25	太原	104	77	-26.0%	-25%	104%	35	9	-74.3%	-20%	372%	良好
26	阳泉	82	72	-12.2%	-15%	81%	17	8	-52.9%	-15%	353%	不合格
27	邯郸	121	102	-15.7%	-20%	79%	56	32	-42.9%	-18%	238%	不合格
28	晋城	81	78	-3.7%	-10%	37%	19	19	0.0%	-10%	0%	不合格
	总体	104	78	-25.0%	-15%	167%	1015	453	-55.4%	-15%	369%	—

注：按PM₂.₅降幅目标完成率由高到低排名。

从目标完成率看，$PM_{2.5}$降幅目标完成率排名前6位的城市为廊坊、德州、保定、北京、新乡和石家庄，完成率分别为220%、211%、180%、177%、170%、168%；晋城、邯郸、阳泉完成率偏低，分别为37%、79%、81%。

重污染天数下降完成率最高的3个城市为廊坊、长治、德州，分别为574%、571%、461%；晋城、济宁完成率偏低，分别为0%、77%。

按照《工作细则》规定，考核结果以$PM_{2.5}$改善目标为基础，重污染天数下降目标作为修正项，综合$PM_{2.5}$降幅排名和完成率排名，评定考核结果如下：

廊坊、保定、北京、德州、石家庄、长治、新乡、衡水、安阳、唐山、天津11个城市的考核结果为优秀；滨州、聊城、济南、鹤壁、淄博、焦作、邢台、沧州、太原9个城市的考核结果为良好；濮阳、郑州、开封、菏泽、济宁5个城市的考核结果为合格；邯郸、阳泉、晋城3个城市的考核结果为不合格。

发布时间
2018.5.4

生态环境部全面启动国家地表水水质自动监测站文化建设工作

国家地表水水质自动监测站（以下简称水站）是监测地表水水质现状、及时预警潜在环境风险的重要基础，是评估水污染治理成效、打好水污染防治攻坚战的重要支撑，也是监测为民、服务公众的重要平台。

为进一步强化水站的公共服务功能，通过赋予水站人文内涵，丰富和拓展水站文化属性，树立国家生态环境监测品牌和权威，培育生态环境监测文化理念。日前，生态环境部出台了《国家地表水水质自动监测站文化建设方案（试行）》（以下简称《方案》），积极推动水站文化建设，着力将水站打造成生态环境监测知识的传播平台、生态环境科普的宣传基地、生态环境文化的交流窗口、公众参与和监督的重要媒介。

《方案》坚持以习近平新时代中国特色社会主义思想为指导，全面贯彻党的十九大精神，突出以人民为中心的理念，立足监测为民、监测惠民，在确保监测数据真实、准确、全面的基础上，通过赋予水站人文内涵和文化属性，着力提升生态环境监测服务功能，引导公众积极参与生态环境监测和生态环境保护，推动形成崇尚生态文明、共建美丽中国的良好风尚。

《方案》坚持简朴实用、美观大方为主要原则，倡导水站建设与自然环境相协调、与社会公众良性互动，引导和培育既相对统一又各具特色的水站文化。在保证水站水质监测功能、确保监测数据"真准全"的基础上，注重统一规范与地方特色相结合、静态展示与互动交流相结合、专业信息与科普文化相结合、水质数据与百姓生活相结合，立足各地实际，推进水站文化建设。

《方案》统一了水站标志标识，规范了水站内部展示。制定了全国统一的水站LOGO、标志标识，对水站站房内部展示内容进行了统一要求。同时，鼓励地方结合本地实际，综合考虑周边自然环境、地域特色和民族文化特征等因素，自主创新，突出地方特色，打造既相对统一又各具特色的水站设计精品。

《方案》立足服务公众，强化水站多重功能。充分应用新媒体，通过水站二维码和App应用为公众提供水质实时监测结果、历史数据和变化趋势等信息，为公众参与和监督提供便利；明确位于市区、公园、风景名胜区等人口流动性较大地区的水站，通过设立参观区域、开辟科普文化专栏、在室外悬挂电子屏幕实时发布水质和科普信息，承担生态环境监测和生态环境保护的科普功能，把水站打造为本地区的"科普小站"；鼓励有条件的水站作为对公众开放的环境监测设施，有序向公众开放，引导公众走进监测、了解监测、信任监测；定期组织生态环境宣传活动，宣传生态保护理念，传播生态文明思想，把水站打造为本地区的环境宣传教育基地。

《方案》的实施必将有效提升生态环境监测的服务功能，对推动树立国家生态环境监测品牌，引导公众走近监测、了解监测、信任监测，参与生态环境保护，形成崇尚生态文明、共建美丽中国的良好风尚具有重要作用。

发布时间	**2018年城市黑臭水体整治环境保护专项**
2018.5.7	**行动启动**

　　生态环境部于5月7日联合住房和城乡建设部启动"2018年城市黑臭水体整治环境保护专项行动"（以下简称专项行动）。首批督查组已抵达督查现场，将分为10个组，历时15天，涉及广东、广西、海南、上海、江苏、安徽、湖南、湖北8个省（区、市）的20个城市，开展督查工作。

　　生态环境部有关负责人表示，整治黑臭水体是贯彻党中央决策部署的必然要求，是改善城市水环境质量的客观需要，也是人民群众的殷切期盼。专项行动以群众的满意度为首要标准，以黑臭水体整治工作为着力点，督查是专项行动的第一步，后续还将开展问题交办、巡查、约谈、专项督察。

　　5—6月，督查组将分3批对全国36个重点城市和部分地级城市开展现场督查；现场督查工作结束后15个工作日内形成城市黑臭水体整治情况统计表和问题清单，实行"拉条挂账，逐个销号"式管理；9—10月，对问题整改情况进行巡查，提出约谈建议；10—12月，对问题严重城市的人民政府进行约谈，对约谈后整改不力的城市，开展环境保护专项督察。

　　按照《水污染防治行动计划》要求，2017年，直辖市、省会城市、计划单列市建成区黑臭水体消除比例达到90%以上，各省、自治区地级及以上城市建成区黑臭水体消除比例平均达到60%以上。

为督促地方从根本上解决水体黑臭问题，推动地方进一步加快治理步伐，确保2020年如期完成治理任务，专项行动将按照"严格督查、实事求是，突出重点、带动全局，标本兼治、重在治本，群众满意、成效可靠"4项原则开展。

为做好此次督查，生态环境部与住房和城乡建设部组建联合督查队伍，通过自查填报系统详细掌握地方黑臭水体治理情况，开发水质监测、公众调查和现场检查3个App平台，实现全国督查数据实时共享问题点准确定位，组织开展现场督查模拟、远程视频和微信培训等形式多样的培训会，组建专业宣传队伍，做好督查期间地方黑臭水体治理典型报道，同时曝光弄虚作假行为。

扫码查看

黑臭水体整治专项行动如何依靠人民群众？

发布时间
2018.5.8

生态环境部对 7 起长江生态环境违法案件挂牌督办

为打击非法转移、倾倒危险废物及固体废物等违法行为，切实保护长江经济带生态环境安全，2018年5月8日，生态环境部决定对长江经济带7起生态环境违法案件进行挂牌督办。

这7起案件如下：

- 安徽省芜湖市白象山一废弃尾矿库非法堆存工业固体废物及有毒有害物质，威胁生态环境安全；
- 湖南省岳阳市巴陵石化热电厂违法外排废水，非法堆存大量有害固体废物；
- 湖南省湘潭市雨湖区石莲安置区及吉利职业学院生活污水未经环保处置直排湘江；
- 湖南省益阳市腾飞建材有限公司非法盗采砂石，大量堆存在洞庭湖边；
- 重庆市万州区长江岸边新田集镇码头堆积大量砂石，侵占长江岸线；
- 重庆市合川区长江岸边海常关造船厂将危险废物堆积长江岸边；
- 重庆市合川区盐井华新水泥有限公司非法开采石灰石，严重破坏生态环境。

生态环境部强调，有关各地各部门要切实提高政治站位，充分认识做好长江经济带生态环境保护的重要性和紧迫性，把思想和行动统一到党中央、国务院决策部署上来，严厉打击破坏生态环境的违法犯罪行为。

　　督办通知要求，安徽省、湖南省、重庆市环境保护厅（局）要督促相关地方人民政府和有关单位迅速查明违法事实，依法处罚到位、整治到位，彻底消除环境安全隐患，切实维护长江生态环境安全，保障沿线群众身体健康，确保中央关于长江经济带"共抓大保护、不搞大开发"决策部署落到实处、见到实效。

发布时间
2018.5.9

生态环境部启动"清废行动2018"

为认真贯彻落实习近平总书记在深入推动长江经济带发展座谈会上的重要讲话精神，强化责任担当，坚决遏制固体废物非法转移倾倒案件的多发态势，确保长江生态环境安全，生态环境部启动"打击固体废物环境违法行为专项行动"，即"清废行动2018"。

本次专项行动从5月9日开始至6月底结束。生态环境部从全国抽调执法骨干力量组成150个组，对长江经济带固体废物倾倒情况进行全面摸排核实，对发现的问题督促地方政府限期整改，对发现的违法行为依法查处，全面公开问题清单和整改进展情况，直至全部整改完成。

为推动社会监督，及时发现非法转移、倾倒固体废物的违法线索，生态环境部鼓励公众拨打举报电话：010—12369，或通过"12369环保举报"微信公众号进行举报，生态环境部将督促地方逐一核实，依法查处。

发布时间
2018.5.13

生态环境部部长赴江苏调研化工园区
环境整治和核安全监管工作

5月11日，生态环境部部长李干杰赴江苏省连云港化工产业园区环境综合整治工作现场和江苏核电有限公司田湾核电站开展调研，深入基层一线实地了解生态环境保护和核与辐射安全管理工作情况，慰问基层生态环保与核安全监管工作人员。

李干杰在调研中指出，以习近平同志为核心的党中央站在坚持和发展中国特色社会主义的战略全局高度，对打好打胜污染防治攻坚战作出重大决策部署。

生态环境风险防控和核与辐射监管工作直接关系到污染防治攻坚战的成败，我们要以高度的责任感、使命感、紧迫感，坚决贯彻落实好攻坚决策部署，全力完成好党中央赋予的职责使命，补齐全面建成小康社会短板，推动建设美丽中国。

连云港化工产业园因企业违法排污等问题被中央环保督察组要求整改。李干杰实地走访园区内企业，察看污染治理设施运行及整改情况。他在现场指出，工业企业治理要对标先进、压实责任，确保整治成效。同时，要高度重视化工园区环境风险管控，消除环境隐患，确保环境安全。

在江苏核电有限公司田湾核电站，李干杰在听取田湾核电站运行及核安全管

理情况汇报后指出，核电发展对调整优化我国能源结构意义重大，可以有效降低以煤炭为主的化石能源消耗，对改善大气环境质量、打赢蓝天保卫战有积极作用。

核电发展的前提和基础是安全，核与辐射安全监管是化解重大风险攻坚战的重点领域。务必坚持"安全第一"，安全是核电发展的生命线，是最大的效益，要把安全摆在首位、落在实处。务必坚持"稳中求进"，不急躁，不冒进，在保证安全的前提下，夯实基础、积极稳妥地推进各项工作。务必坚持"严慎细实"，将其贯彻到每项工作中、每个岗位上，推动核安全监管工作不断前行。

发布时间
2018.5.15

北京等 **7** 省（市）公开中央环境保护 督察整改落实情况

经党中央、国务院批准，中央环境保护督察组于2016年11月至12月组织对北京、上海、湖北、广东、重庆、陕西、甘肃7省（市）开展环境保护督察，并于2017年4月完成督察反馈。督察反馈后，7省（市）党委、政府高度重视，将环境保护督察整改作为政治责任来担当，作为推进生态文明建设和环境保护的重要抓手，建立机制，强化措施，狠抓落实，取得明显整改成效。

截至2018年4月底，7省（市）督察整改方案明确的493项整改任务已完成357项，其余正在推进中。通过督察整改，一批长期难以解决的环境问题得到了解决，一批长期想办的事情得到了落实。

北京市压实整改责任，建立健全环境保护党政同责、一岗双责机制，积极开展全市环境综合整治，大力推进环保基础设施建设，加快疏解非首都功能，城市总体环境质量和环境精细化管理能力得到明显提升。

上海市以水环境治理、垃圾综合整治等为重点，强化研究部署，狠抓责任落实，严格督察执法，推动解决了城市饮用水水源保护、城乡接合部垃圾污染等一批突出的环境问题，为探索推进超大城市的水环境治理工作积累了经验。

湖北省切实强化湖泊治理，制订不达标水域整治方案，拆除122.2万亩围栏围

网和网箱养殖，取缔27.45万亩投肥（粪）养殖和4.5万亩珍珠养殖，对填湖问题开展退地还水、退垸还湖，湖泊水质改善明显。

广东省全面提速环境基础设施建设，2017年新增污水处理能力129万吨/日，新建配套管网约6000千米，其中深圳市投入百亿元资金，新增污水管网1930千米，城市30年快速开发建设形成的污水管网缺口问题得到初步解决。

重庆市强化长江生态保护，制定重点生态功能区产业准入负面清单，禁止在长江干线及主要支流岸线1千米范围内新建重化工项目，在5千米范围内不再新布局工业园区，推进沿江环境风险隐患企业整治搬迁。

陕西省大力开展秦岭生态环境保护和修复治理，编制保护规划纲要，划定禁止开发区和限制开发区，全面拆除违规房地产开发项目，严格规范矿产资源开发活动，目前秦岭地区采石企业数量较2014年年底减少约三分之二。

甘肃省扎实推进祁连山自然保护区生态环境问题整改，投入治理资金约23亿元，保护区内144宗矿业权已关停143宗，9座在建水电站退出7座，同时已启动生态监测网络建设，对111个历史遗留无主矿山实施生态恢复。

7省（市）督察整改工作取得阶段性成效，但仍然存在一些薄弱环节。

一是少量整改任务进度有所滞后。部分自然保护区内风电、煤矿等违规项目拆除、关停进度滞后，一些地区治污基础设施建设、尾矿库治理和生态环境恢复等整改任务没有达到序时进度要求。

二是个别地区整改力度仍需加大。一些区域流域环境整治、产业和能源结构调整、违建项目清理等整改任务进入攻坚阶段，整改难度加大，工作力度有所减弱，个别地区环境质量改善效果不理想，甚至呈现恶化趋势。

三是一些群众举报的环境问题出现反弹。一些地方在督察整改过程中没有举一反三，全面排查，导致部分同类型环境问题依然存在；一些地方因跟踪问效不及时，部分群众投诉问题没有真正整改落实到位，出现重复投诉现象。

督察整改是环境保护督察的重要环节，也是深入推进生态环境保护工作的关键举措。目前7省（市）督察整改报告已经党中央、国务院审核同意，但整改工作还未结束。7省（市）对外公开督察整改情况就是要进一步强化社会监督、回应社会关切，更好地做好后续各项整改工作。

下一步，国家环境保护督察办公室将继续对各地整改情况实施清单化调度，并不定期组织开展机动式、点穴式督察，始终保持督察压力，压实整改责任，不达目的决不松手。

发布时间 2018.5.19 全国生态环境保护大会在北京召开 习近平总书记出席会议并发表重要讲话

【编者按】

　　2018年5月18—19日，全国生态环境保护大会在北京胜利召开。这次会议是在习近平总书记亲切关怀下，由党中央决定召开的，总书记出席会议并发表重要讲话；李克强总理在会上讲话；韩正副总理做会议总结。会议对全面加强生态环境保护、坚决打好污染防治攻坚战作出了系统部署和安排。

　　这次大会是我国生态环境保护和生态文明建设发展历程中一次规格最高、规模最大、影响最广、意义最深的历史性盛会，实现了"四个第一"，并形成了"一个标志性成果"，具有划时代的里程碑意义。党中央决定召开，是第一次；总书记出席大会并发表重要讲话，是第一次；以中共中央、国务院名义印发加强生态环境保护的重大政策性文件，是第一次；会议名称改为全国生态环境保护大会，是第一次。大会最大的亮点就是确立了习近平生态文明思想，这是标志性、创新性、战略性的重大理论成果，是新时代生态文明建设的根本遵循与最高准则，为推动生态文明建设、加强生态环境保护提供了思想指引和行动指南。

全国生态环境保护大会18日至19日在北京召开。中共中央总书记、国家主席、中央军委主席习近平出席会议并发表重要讲话。他强调，要自觉把经济社会发展同生态文明建设统筹起来，充分发挥党的领导和我国社会主义制度能够集中力量办大事的政治优势，充分利用改革开放40年来积累的坚实物质基础，加大力度推进生态文明建设、解决生态环境问题，坚决打好污染防治攻坚战，推动我国生态文明建设迈上新台阶。

中共中央政治局常委、国务院总理李克强在会上讲话。中共中央政治局常委、全国政协主席汪洋，中共中央政治局常委、中央书记处书记王沪宁，中共中央政治局常委、中央纪委书记赵乐际出席会议。中共中央政治局常委、国务院副总理韩正做总结讲话。

习近平总书记在讲话中强调，生态文明建设是关系中华民族永续发展的根本大计。中华民族向来尊重自然、热爱自然，绵延5000多年的中华文明孕育着丰富的生态文化。生态兴则文明兴，生态衰则文明衰。党的十八大以来，我们开展了一系列根本性、开创性、长远性工作，加快推进生态文明顶层设计和制度体系建设，加强法治建设，建立并实施中央环境保护督察制度，大力推动绿色发展，深入实施大气、水、土壤污染防治三大行动计划，率先发布《中国落实2030年可持续发展议程国别方案》，实施《国家应对气候变化规划（2014—2020年）》，推动生态环境保护发生历史性、转折性、全局性变化。

习近平总书记指出，总体上看，我国生态环境质量持续好转，出现了稳中向好趋势，但成效并不稳固。生态文明建设正处于压力叠加、负重前行的关键期，已进入提供更多优质生态产品以满足人民日益增长的优美生态环境需要的攻坚期，也到了有条件、有能力解决生态环境突出问题的窗口期。我国经济已由高速增长阶段转向高质量发展阶段，需要跨越一些常规性和非常规性关口。我们必须

咬紧牙关，爬过这个坡，迈过这道坎。

习近平总书记强调，生态环境是关系党的使命宗旨的重大政治问题，也是关系民生的重大社会问题。广大人民群众热切期盼加快提高生态环境质量。我们要积极回应人民群众所想、所盼、所急，大力推进生态文明建设，提供更多优质生态产品，不断满足人民群众日益增长的优美生态环境需要。

习近平总书记指出，新时代推进生态文明建设，必须坚持好以下原则：

一是坚持人与自然和谐共生，坚持节约优先、保护优先、自然恢复为主的方针，像保护眼睛一样保护生态环境，像对待生命一样对待生态环境，让自然生态美景永驻人间，还自然以宁静、和谐、美丽。

二是绿水青山就是金山银山，贯彻创新、协调、绿色、开放、共享的发展理念，加快形成节约资源和保护环境的空间格局、产业结构、生产方式、生活方式，给自然生态留下休养生息的时间和空间。

三是良好生态环境是最普惠的民生福祉，坚持生态惠民、生态利民、生态为民，重点解决损害群众健康的突出环境问题，不断满足人民日益增长的优美生态环境需要。

四是山水林田湖草是生命共同体，要统筹兼顾、整体施策、多措并举，全方位、全地域、全过程开展生态文明建设。

五是用最严格制度最严密法治保护生态环境，加快制度创新，强化制度执行，让制度成为刚性的约束和不可触碰的高压线。

六是共谋全球生态文明建设，深度参与全球环境治理，形成世界环境保护和可持续发展的解决方案，引导应对气候变化国际合作。

习近平总书记强调，要加快构建生态文明体系，加快建立健全以生态价值观念为准则的生态文化体系，以产业生态化和生态产业化为主体的生态经济体系，以改善生态环境质量为核心的目标责任体系，以治理体系和治理能力现代化为保障的生态文明制度体系，以生态系统良性循环和环境风险有效防控为重点的生态安全体系。要通过加快构建生态文明体系，确保到2035年，生态环境质量实现根本好转，美丽中国目标基本实现。到21世纪中叶，物质文明、政治文明、精神文明、社会文明、生态文明全面提升，绿色发展方式和生活方式全面形成，人与自然和谐共生，生态环境领域国家治理体系和治理能力现代化全面实现，建成美丽中国。

习近平总书记指出，要全面推动绿色发展。绿色发展是构建高质量现代化经济体系的必然要求，是解决污染问题的根本之策。重点是调整经济结构和能源结构，优化国土空间开发布局，调整区域流域产业布局，培育壮大节能环保产业、清洁生产产业、清洁能源产业，推进资源全面节约和循环利用，实现生产系统和生活系统循环链接，倡导简约适度、绿色低碳的生活方式，反对奢侈浪费和不合理消费。

习近平总书记强调，要把解决突出生态环境问题作为民生优先领域。坚决打赢蓝天保卫战是重中之重，要以空气质量明显改善为刚性要求，强化联防联控，基本消除重污染天气，还老百姓蓝天白云、繁星闪烁。要深入实施水污染防治行动计划，保障饮用水安全，基本消灭城市黑臭水体，还给老百姓清水绿岸、鱼翔浅底的景象。要全面落实《土壤污染防治行动计划》，突出重点区域、行业和污染物，强化土壤污染管控和修复，有效防范风险，让老百姓吃得放心、住得安心。要持续开展农村人居环境整治行动，打造美丽乡村，为老百姓留住鸟语花香田园风光。

习近平总书记指出，要有效防范生态环境风险。生态环境安全是国家安全的重要组成部分，是经济社会持续健康发展的重要保障。要把生态环境风险纳入常

态化管理，系统构建全过程、多层级生态环境风险防范体系。要加快推进生态文明体制改革，抓好已出台改革举措的落地，及时制订新的改革方案。

习近平总书记强调，要提高环境治理水平。要充分运用市场化手段，完善资源环境价格机制，采取多种方式支持政府和社会资本合作项目，加大重大项目科技攻关，对涉及经济社会发展的重大生态环境问题开展对策性研究。要实施积极应对气候变化的国家战略，推动和引导建立公平合理、合作共赢的全球气候治理体系，彰显我国负责任大国形象，推动构建人类命运共同体。

习近平总书记强调，打好污染防治攻坚战时间紧、任务重、难度大，是一场大仗、硬仗、苦仗，必须加强党的领导。各地区各部门要增强"四个意识"，坚决维护党中央权威和集中统一领导，坚决担负起生态文明建设的政治责任。

地方各级党委和政府主要领导是本行政区域生态环境保护第一责任人，各相关部门要履行好生态环境保护职责，使各部门守土有责、守土尽责、分工协作、共同发力。要建立科学合理的考核评价体系，考核结果作为各级领导班子、领导干部奖惩和提拔使用的重要依据。对那些损害生态环境的领导干部，要真追责、敢追责、严追责，做到终身追责。

要建设一支生态环境保护铁军，政治强、本领高、作风硬、敢担当，特别能吃苦、特别能战斗、特别能奉献。各级党委和政府要关心、支持生态环境保护队伍建设，主动为敢干事、能干事的干部撑腰打气。

李克强在讲话中指出，要认真学习领会和贯彻落实习近平总书记重要讲话精神，以习近平新时代中国特色社会主义思想为指导，着力构建生态文明体系，加强制度和法治建设，持之以恒抓紧抓好生态文明建设和生态环境保护，坚决打好污染防治攻坚战。

要抓住重点区域重点领域，突出加强工业、燃煤、机动车"三大污染源"治理，坚决打赢蓝天保卫战。深入实施"水十条""土十条"，加强治污设施建设，提高城镇污水收集处理能力。有针对性地治理污染农用地，以农村垃圾、污水治理和村容村貌提升为主攻方向，推进乡村环境综合整治，国家对农村的投入要向这方面倾斜。

要推动绿色发展，从源头上防治环境污染。深入推进供给侧结构性改革，实施创新驱动发展战略，培育壮大新产业、新业态、新模式等发展新动能。运用互联网、大数据、人工智能等新技术，促进传统产业智能化、清洁化改造。加快发展节能环保产业，提高能源清洁化利用水平，发展清洁能源。倡导简约适度、绿色低碳生活方式，推动形成内需扩大和生态环境改善的良性循环。

要加强生态保护修复，构筑生态安全屏障。建立统一的空间规划体系和协调有序的国土开发保护格局，严守生态保护红线，坚持山水林田湖草整体保护、系统修复、区域统筹、综合治理，完善自然保护地管理体制机制。坚持统筹兼顾，协同推动经济高质量发展和生态环境高水平保护，协同发挥政府主导和企业主体作用，协同打好污染防治攻坚战和生态文明建设持久战。

李克强强调，要依靠改革创新，提升环境治理能力。逐步建立常态化、稳定的财政资金投入机制，健全多元环保投入机制，研究出台有利于绿色发展的结构性减税政策。持续推进简政放权方面的改革，把更多力量放到包括环境保护在内的事中事后监管上。抓紧攻克关键技术和装备。强化督查执法，大幅度提高环境违法成本。引导全社会树立生态文明意识。确保完成污染防治攻坚战和生态文明建设目标任务。

韩正在总结讲话中指出，要认真学习领会习近平生态文明思想，切实增强做好生态环境保护工作的责任感、使命感；深刻把握绿水青山就是金山银山的重要发展理念，坚定不移走生态优先、绿色发展新道路；深刻把握良好生态环境是最普惠民

生福祉的宗旨精神，着力解决损害群众健康的突出环境问题；深刻把握山水林田湖草是生命共同体的系统思想，提高生态环境保护工作的科学性、有效性。

各地区各部门要狠抓贯彻落实，细化实化政策措施，确保能落地、可操作、见成效。要严格落实主体责任，加大中央环境保护督察力度；坚持一切从实际出发，标本兼治、突出治本、攻坚克难，防止急功近利、做表面文章；咬定目标不偏移稳扎稳打，坚定有序推进工作，扎扎实实围绕目标解决问题；切实依法处置、严格执法，抓紧整合相关污染防治和生态保护执法职责与队伍；确保攻坚战各项目标任务的统计考核数据真实准确，以实际成效取信于民。

国家发展和改革委、财政部、生态环境部、河北省、浙江省、四川省负责同志做交流发言。

中共中央政治局委员、中央书记处书记，全国人大常委会有关领导同志，国务委员，最高人民法院院长，最高人民检察院检察长，全国政协有关领导同志出席会议。

各省区市和计划单列市、新疆生产建设兵团，中央和国家机关有关部门、有关人民团体，有关国有大型企业，军队有关单位负责同志参加会议。

（来源：新华社　记者：赵超、董峻）

新华社评论员：保护生态环境　建设美丽中国
——学习贯彻习近平总书记在全国生态环境保护大会上的重要讲话

　　"生态环境是关系党的使命宗旨的重大政治问题，也是关系民生的重大社会问题。"习近平总书记在全国生态环境保护大会上发表重要讲话，站在党和国家事业发展全局高度，全面总结党的十八大以来生态文明建设取得的重大成就，科学分析当前面临的任务挑战，对新时代推进生态文明建设确立了重要原则、进行了具体部署。讲话展现强烈使命担当、蕴含深厚民生情怀、具有宽广全球视野，发出了建设美丽中国的进军号令。

　　生态文明建设是关系中华民族永续发展的根本大计。党的十八大以来，在以习近平同志为核心的党中央坚强领导下，我们开展了一系列根本性、开创性、长远性的工作，推动我国生态环境保护从认识到实践发生了历史性、转折性、全局性变化。当前，生态文明建设正处于压力叠加、负重前行的关键期，已进入提供更多优质生态产品以满足人民日益增长的优美生态环境需要的攻坚期，也到了有条件有能力解决生态环境突出问题的窗口期。"有智不如乘势。"把握新形势，解决新问题，完成新任务，我们就能回应广大群众的热切期盼，推动我国生态文明建设再上新台阶。

　　新时代推进生态文明建设，坚持"六项原则"是根本遵循。"六项原则"明确了人与自然和谐共生的基本方针、绿水青山就是金山银山的发展理念、良好生态环境是最普惠的民生福祉的宗旨精神、山水林田湖草是生命共同体的系统思想、用最严格制度最严密法治保护生态环境的坚定决心以及共谋全球生态文明建设的大国担当。这些重要论断构成了一个紧密联系、有机统一的思想体系，深刻揭示了经济发展和生态环境保护的关系，深化了对经济社会发展规律和自然生态规律的认识，为我们坚定不移走生产发展、生活富裕、生态良好的

文明发展道路指明了方向。

新时代推进生态文明建设，加快构建生态文明体系是制度保障。制度才能管根本、管长远。严格的制度、严密的法治，可以为生态文明建设提供可靠保障。要以生态价值观念为准则，以产业生态化和生态产业化为主体，以改善生态环境质量为核心，以治理体系和治理能力现代化为保障，以生态系统良性循环和环境风险有效防控为重点，加快建立健全生态文化体系、生态经济体系、目标责任体系、生态文明制度体系、生态安全体系，为确保到2035年美丽中国目标基本实现、到本世纪中叶建成美丽中国提供有力的制度保障。

新时代推进生态文明建设，全面推动绿色发展是治本之策。坚持绿色发展是发展观的一场深刻革命，是构建高质量现代化经济体系的必然要求，也是解决污染问题的根本之策。要围绕调整经济结构和能源结构等重点，培育壮大环保产业、循环经济，倡导绿色低碳生活方式；把解决突出生态环境问题作为民生优先领域，打赢蓝天保卫战这个重中之重；有效防范生态环境风险，提高环境治理水平，让良好生态环境成为人民生活的增长点、经济社会持续健康发展的支撑点和展现我国良好形象的发力点。

新时代推进生态文明建设，打好污染防治攻坚战是重点任务。污染防治攻坚战时间紧、任务重、难度大，是一场大仗、硬仗、苦仗，必须加强党的领导，各地区各部门坚决担负起生态文明建设的政治责任是关键。要建立科学合理的考核评价体系，对损害生态环境的领导干部终身追责，为敢干事、能干事的干部撑腰打气，建设一支生态环境保护铁军，守护好生态文明的绿色长城。

中华民族向来尊重自然、热爱自然，绵延5000多年的中华文明孕育着丰富的生态文化。我们要认真学习领会习近平生态文明思想，坚持绿色发展理念，持之以恒推进生态文明建设，把伟大祖国建设得更加美丽，为子孙后代留下天更蓝、山更绿、水更清的优美环境，这是我们的责任，也是对人类的贡献。

（来源：新华社）

发布时间
2018.5.20

生态环境部启动水源地专项督查

生态环境部于5月20日组织开展全国集中式饮用水水源地环境保护专项第一轮督查，进一步推动水源地保护攻坚战向纵深发展。

为落实党的十九大提出的坚决打好污染防治攻坚战的决策部署，加快解决饮用水水源地突出环境问题，经国务院批准，生态环境部联合水利部制订了《全国集中式饮用水水源地环境保护专项行动方案》（以下简称《行动方案》），要求地方各级人民政府组织做好本辖区饮用水水源地环境违法问题排查整治工作，确保饮用水水源安全。

截至目前，各省级人民政府均按照《行动方案》要求完成问题排查工作，同时在各地的一报（党报）一网（政府网站）开设"饮用水水源地环境保护专项行动专栏"，公开问题清单和整治进展情况。

为督促地方政府有序落实《行动方案》，依法完成水源保护区"划、立、治"（即保护区划定、边界标志设立、违法问题清理整治）3项重点任务，生态环境部将组织多轮次的监督检查。第一轮督查于5月20日开始，从全国抽调执法骨干力量组成273个组，对涉及的212个地级市及1069个县的1586个水源地的环境问题进行督查。

为推动社会监督，及时发现饮用水水源地保护区内排污口、违法建设项目、

交通穿越、餐饮旅游等环境问题，生态环境部鼓励公众拨打举报电话：010—12369，或者通过"12369环保举报"微信公众号进行举报，生态环境部将督促地方逐一核实，依法查处。

发布时间
2018.5.22

生态环境部传达学习贯彻习近平生态文明思想和全国生态环境保护大会精神 坚决打好污染防治攻坚战

全国生态环境保护大会于5月18日至19日在北京召开。生态环境部分别召开部党组（扩大）会和干部职工大会传达学习大会精神，深入领会习近平生态文明思想，统一思想，提高认识，全面加强生态环境保护，坚决打好污染防治攻坚战，建设美丽中国。

21日上午，生态环境部党组书记、部长李干杰在北京主持召开部党组（扩大）会议，传达学习习近平总书记在全国生态环境保护大会上的重要讲话、李克强总理在会上的讲话、韩正副总理的总结讲话，对深入学习贯彻落实大会精神作出全面安排部署。

会议认为，2018年是全面贯彻习近平新时代中国特色社会主义思想和党的十九大精神的开局之年，是纪念我国改革开放四十周年、实施"十三五"规划承上启下和决胜全面建成小康社会的关键之年，党中央决定召开全国生态环境保护大会，对全面加强生态环境保护、坚决打好污染防治攻坚战作出重大部署和安排，十分重要，至为关键，恰逢其时。

大会的召开实现了"四个第一"和"一个标志性成果"，在我国生态文明建

设和生态环境保护发展历程中具有划时代里程碑意义。大会由党中央决定召开，是第一次；总书记出席大会并发表重要讲话，是第一次；以中共中央、国务院名义印发加强生态环境保护的重大政策性文件，是第一次；会议名称改为全国生态环境保护大会，是第一次。大会最大的亮点就是正式确立习近平生态文明思想，这是标志性、创新性、战略性的重大理论成果，是新时代生态文明建设的根本遵循与最高准则，为推动生态文明建设、加强生态环境保护提供了坚实的理论基础和实践动力。

会议指出，党的十八大以来，以习近平同志为核心的党中央站在坚持和发展中国特色社会主义、实现中华民族伟大复兴中国梦的战略高度，把生态文明建设和生态环境保护摆在治国理政的重要位置，谋划开展了一系列根本性、开创性、长远性工作，推动生态文明建设从实践到认识发生历史性、转折性、全局性变化，生态环境保护取得历史性成就、发生历史性变革，深刻回答了"为什么建设生态文明、建设什么样的生态文明、怎样建设生态文明"等重大理论和实践问题，形成了习近平生态文明思想，成为习近平新时代中国特色社会主义思想的重要组成部分。

会议强调，习近平总书记在大会上的重要讲话通篇贯穿了马克思主义的立场、观点、方法，是又一篇闪耀着马克思主义真理光芒的重要文献，是打好污染防治攻坚战的动员令，是全面加强生态环境保护的发令枪，是推进生态文明建设、建设美丽中国的冲锋号，为全面加强生态环境保护、打好污染防治攻坚战明确了目标、指明了方向、规划了路径、鼓足了干劲。

要进一步增强做好生态环境保护的信心和决心，深入领会总书记关于生态文明建设处于"关键期、攻坚期和窗口期"的重大战略判断，咬紧牙关，爬坡过坎，坚决打好污染防治攻坚战，为决胜全面建成小康社会补齐生态环境短板。抓紧构建生态文明体系，把习近平生态文明思想和重要讲话精神转化为具体工作部署，变成一个个明确具体的工作目标、指标和标准。坚决压实生态环境保护责任，推动落实"党政同责""一岗双责"，构建多方合力攻坚的生态环境保护大格局。全面加强党的领导，不断增强"四个意识"，坚决维护党中央权威和集中统一领导，切实担负起生态文明建设的政治责任。

会议要求，学习好、宣传好、贯彻好全国生态环境保护大会精神，是当前和今后一个时期生态环境保护系统的一项重要政治任务，各级党组织和广大干部都要认真学习领会，不断增强政治自觉、思想自觉、行动自觉，切实把思想和行动统一到大会精神上来，把智慧和力量凝聚到大会作出的决策部署和确定的目标任务上来，用习近平生态文明思想武装头脑、指导实践、推动工作，让党中央、国务院的决策部署和大会精神在生态环境保护系统落地生根、开花结果。

要把习近平重要讲话和大会精神列入部党组中心组和各级党组织理论学习的重要内容，制订专门的培训计划、宣传方案，开展全方位、多角度、大力度的宣传解读，掀起对大会精神学习讨论、贯彻落实的高潮，形成全社会重视并参与生态环保的氛围。

全力做好生态环保机构改革。聚焦打好污染防治攻坚战，面向攻坚战的主战场和重点领域、重点工作聚人才、育英才，建设一支政治强、本领高、作风硬、敢担当，特别能吃苦、特别能战斗、特别能奉献的生态环境保护铁军。

加快出台打好污染防治攻坚战的相关作战计划和方案，以习近平生态文明思想为指导，以改善生态环境质量为核心，立足解决突出的生态环境问题，综合运用多种手段，加大力度，周密统筹，推动污染防治攻坚战进入细化部署、深化实施、攻坚决胜阶段。

生态环境部副部长黄润秋，部党组成员、副部长翟青、赵英民、刘华，中央纪委驻生态环境部纪检组组长、部党组成员吴海英，在部党组（扩大）会上做交流发言。大家一致认为，全国生态环境保护大会是一次规格最高、规模最大、影响最广、意义最深的历史性盛会。大家一致表示，坚持以习近平生态文明思想为指导，深入学习贯彻习近平总书记在大会上的重要讲话精神、李克强总理的讲话要求和韩正副总理的总结讲话，结合各自分管工作抓好贯彻落实，为打好污染防治攻坚战、推动建设美丽中国作出应有的贡献。

部党组（扩大）会后，当天下午以视频会议方式召开生态环境部干部职工大会。李干杰部长发表讲话，黄润秋副部长主持会议，部党组成员、副部长赵英民、刘华，中央纪委驻生态环境部纪检组组长、部党组成员吴海英，部党组成员、副部长庄国泰出席会议。

部机关全体干部职工、在京各派出机构和直属单位主要负责同志在部机关主会场参加会议，各派出机构和直属单位全体干部职工在各单位分会场参加会议。

发布时间
2018.5.22

生态环境部和中国科学院联合发布《中国生物多样性红色名录》

为全面掌握我国生物多样性受威胁状况、提高生物多样性保护的科学性和有效性，2008年原环境保护部联合中国科学院启动了《中国生物多样性红色名录》的编制工作，并于2013年9月、2015年5月先后发布了《中国生物多样性红色名录——高等植物卷》《中国生物多样性红色名录——脊椎动物卷》。2018年5月22日，在第25个“国际生物多样性日”专题宣传活动上，生态环境部联合中国科学院又发布了《中国生物多样性红色名录——大型真菌卷》。

高鼻羚羊
Saiga tatarica
野外灭绝（EW）
关注红色名录 共创绿色未来

《中国生物多样性红色名录》的评估工作是一项规模庞大的系统工程，历时10年，汇集了全国600多位专家，对我

国已知的高等植物、脊椎动物（海洋鱼类除外）和大型真菌受威胁状况进行了全面评估，是全球迄今为止评估物种数量最大、类群范围最宽、覆盖地域最广、信息最全、参与专家人数最多的评估。主要成果如下：

第一，完善了我国生物物种信息。评估统计了34450种（含种下等级）高等植物、4357种脊椎动物和9302种大型真菌，完善了中国高等植物物种名录，确定了中国脊椎动物物种丰富度在世界的排名，对我国已知的14511个大型真菌物种名称进行整理、核对和订正，确认了9302个物种。

第二，补充完善了 IUCN（世界自然保护联盟）红色名录评估等级标准体系。根据不同生物类群的生物学特性完善了评估标准，解决了爬行类、两栖类与内陆鱼类濒危等级评定中出现的难题，填补了大型真菌红色名录评估标准的空白，为国际红色名录评估工作贡献了中国智慧。

第三，对中国高等植物、脊椎动物和大型真菌受威胁状况进行了分类评估。评估结果显示，我国34450种高等植物中，绝灭27种、野外绝灭10种、地区

绒毛含笑 *Michelia velutina*

灭绝（EX）

关注红色名录 共创绿色未来

绝灭15种、极危583种、濒危1297种、易危1887种、近危2723种、无危24296种、数据缺乏3612种。受威胁物种（极危、濒危和易危物种）共计3767种，约占植物总数的10.9%。

4357种脊椎动物中，灭绝4种、野外灭绝3种、区域灭绝10种、极危185种、濒危288种、易危459种、近危598种、无危1869种、数据缺乏941种。受威胁脊椎动物共计932种，占被评估物种总数的21.4%。

9302种大型真菌中，疑似灭绝1种，极危9种、濒危25种、易危62种、近危101种、无危2764种、数据不足6340种。受威胁大型真菌96种，占评估物种总数的1.04%。

四川灵芝 *Ganoderma*

近危（NT）

关注红色名录 共创绿色未来

第四，评估了我国生物多样性受威胁的原因。高等植物濒危灭绝的主要因素是生境退化或丧失，其中农林牧副渔业发展带来的影响最大。脊椎动物物种濒危灭绝的主要原因是人类活动导致的生境丧失和退化以及过度利用，非法贸易则是珍稀脊椎动物濒危的原因。全球环境变化、修建水电站和水利设施、水体和土

壤污染影响了水鸟、爬行类、两栖类和内陆鱼类生存。食药用大型真菌的主要威胁因子是过度采挖和开发利用，以及不良的采挖方式。地衣的主要受威胁因素是环境污染和生境退化。

我国高度重视生物多样性保护，并不断加大工作力度。本次红色名录评估结果显示，朱鹮、藏羚羊、德保苏铁等一批国家重点保护物种和濒危物种得到较好保护，野外种群得到恢复，受威胁等级下降。但同时，由于资源过度利用、环境污染、栖息地破坏等因素，也有部分物种濒危程度加剧，受威胁等级上升，如长江江豚数量急剧减少，由濒危上升为极危，爪哇金丝燕因采集燕窝由无危上升为极危，鲥鱼由于过度捕捞等原因，由濒危上升为极危。

《中国生物多样性红色名录》的发布为制定生物多样性保护政策和规划提供科学依据，为开展生物多样性科学研究提供数据基础，为公众参与生物多样性保护创造必要条件，是贯彻落实《中国生物多样性保护战略与行动计划（2011—2030年）》和履行《生物多样性公约》的具体行动，必将对生物多样性保护与管理产生深远的影响。

发布时间
2018.5.25

第一批中央环境保护督察"回头看"全面启动

【编者按】

 自2015年年底试点河北开始，中央环境保护督察组用了两年时间实现了对全国31个省（区、市）的全覆盖，完成了一次对地方党委、政府生态环境保护工作的全面"体检"，并为地方环境问题治理开出"药方"。

 2018年，距第一轮中央环境保护督察启动已过去两年的时间，地方整改效果如何？督察组开出的"药方"是否显效？2018年6月至11月，中央环境保护督察组分两批对河北等20省（区、市）开展了"回头看"。

 中央环境保护督察"回头看"期间，一批整改不到位、群众不满意，甚至出现反弹、反复的问题得到查处；一批敷衍整改、表面整改、假装整改的问题得以严肃处理；一批历史遗留的生态环境问题得以曝光并引起重视，整治工作全面启动。

 截至11月底，两批"回头看"期间，督察组陆续向媒体和公众披露典型案例102个，解决群众身边的环境问题6万余件，形成了强大震慑，回应了群众对身边环境问题的关切。

　　为深入贯彻落实习近平生态文明思想和全国生态环境保护大会精神，按照中央全面深化改革委员会第一次会议部署，经党中央、国务院批准，近日，第一批中央环境保护督察"回头看"全面启动。

　　已组建6个中央环境保护督察组，组长由朱之鑫、吴新雄、黄龙云、马中平、张宝顺、朱小丹等同志担任，副组长由生态环境部副部长黄润秋、翟青、赵英民、刘华等同志担任，采取"一托一"或者"一托二"的方式，分别负责对河北、河南，内蒙古、宁夏，黑龙江，江苏、江西，广东、广西，云南等省（自治区）开展"回头看"督察进驻工作。各督察组具体安排如下：

　　第一组：河北、河南，组长朱之鑫，副组长赵英民。

　　第二组：内蒙古、宁夏，组长吴新雄，副组长翟青。

　　第三组：黑龙江，组长黄龙云，副组长黄润秋。

　　第四组：江苏、江西，组长马中平，副组长刘华。

　　第五组：广东、广西，组长张宝顺，副组长翟青。

　　第六组：云南，组长朱小丹，副组长黄润秋。

　　根据安排，6个督察组将于近日陆续实施督察进驻。"回头看"督察始终坚持问题导向，重点督察经党中央、国务院审核的中央环境保护督察整改方案总体落实情况，督察整改方案中重点环境问题的具体整改进展情况，生态环境保护长效机制建设和推进情况。重点盯住督察整改不力，甚至表面整改、假装整改、敷衍整改等生态环保领域的形式主义、官僚主义问题，重点检查列入督察整改方案的重大生态环境问题及其查处、整治情况，重点督办人民群众身边的生态环境问题立行立改情况，重点督察地方落实生态环境保护党政同责、一岗双责、严肃责任追究情况。

　　同时，按照党中央、国务院关于打好污染防治攻坚战的决策部署，针对攻坚战7大标志性战役和其他重点领域，结合被督察省区具体情况，每个省区同步统筹安排1个环境保护专项督察，采取统一实施督察、统一报告反馈、分开移交移送的方式，进一步强化震慑、压实责任、倒逼落实，为打好污染防治攻坚战提供强大助力。

环境保护督察"回头看"进驻时间约为1个月。进驻期间，各督察组将分别设立联系电话和邮政信箱，受理被督察省（区、市）生态环境保护方面的来信来电举报。

生态环境部明确禁止环保"一刀切"行为

为贯彻落实习近平生态文明思想和全国生态环境保护大会精神，根据党中央、国务院批准，中央环境保护督察组于近期陆续进驻河北、内蒙古、黑龙江、江苏、江西、河南、广东、广西、云南、宁夏10省（区），对第一轮中央环境保护督察整改情况开展"回头看"，并针对打好污染防治攻坚战的重点领域开展专项督察。

为防止一些地方在督察进驻期间不分青红皂白地实施集中停工停业停产行为，影响人民群众正常生产生活，生态环境部专门研究制定《禁止环保"一刀切"工作意见》（以下简称《意见》），请各中央环境保护督察组协调被督察地方党委和政府抓好落实。

《意见》指出，督察进驻期间，被督察地方应按要求建立机制，立行立改，边督边改，切实解决人民群众有关生态环境的信访问题，切实推动突出生态环境问题查处到位、整改到位、问责到位。在整改工作中要制订可

行方案，坚持依法依规，加强政策配套，注重统筹推进，严格禁止"一律关停""先停再说"等敷衍应对做法，坚决避免集中停工停业停产等简单粗暴行为。

《意见》明确，对于工程施工、生活服务业、养殖业、地方特色产业、工业园区及企业、采砂采石采矿、城市管理等易出现环保"一刀切"的行业或领域，在边督边改时要认真研究，统筹推进，分类施策。

对于具有合法手续且符合环境保护要求的，不得采取集中停工停产停业的整治措施；对于具有合法手续，但没有达到环境保护要求的，应当根据具体问题采取针对性整改措施；对于没有合法手续，且达不到环境保护要求的，应当依法严肃整治，特别是"散乱污"企业，需要停产整治的，坚决停产整治。

对于督察进驻期间群众环境信访问题，既要推进问题整改，也要注重政策引导，在整改工作中尽可能避免给人民群众生产生活带来不良影响。

《意见》强调，中央环境保护督察边督边改既是加快解决群众身边环境问题的有利时机，也是传导环保压力、压实工作责任的有效举措。被督察地方既要借势借力、严格执法、加快整改，也要因地制宜、分类指导、有序推进。在具体解决群众举报生态环境问题时，要给直接负责查处整改工作的单位和人员留足时间，禁止层层加码、避免级级提速。

《意见》要求，被督察地方党委和政府应从加强政治和作风建设的高度，就禁止环保"一刀切"行为提出具体明确的要求，并向社会公开；要依托一报（党报）一台（电视台）一网（政府网站）加强对督察整改、边督边改情况的宣传报道，及时回应社会关切；要加强对环保"一刀切"问题的查处力度，发现一起查处一起，严肃问责，绝不姑息。

中央环境保护督察组也把环保"一刀切"作为生态环境领域形式主义、官僚主义的典型问题纳入督察范畴，对问题严重且造成恶劣影响的，严格实施督察问责。

发布时间
2018.5.29

全国生态环境宣传工作会议开幕

【编者按】

　　2018年5月29日至30日，全国生态环境宣传工作会议在北京召开，生态环境部党组书记、部长李干杰出席会议并讲话，对当前和今后一段时期的生态环境宣传工作进行了部署，提出了"一个核心任务""五项重点工作""落实四个责任"。为学习宣传贯彻会议精神，6月9日，@生态环境部 刊载了《全文实录｜生态环境部部长在2018年全国生态环境宣传工作会议上的讲话》，此后陆续推出《要点速记》和11篇《划重点｜生态环境部部长谈宣传》，对部长讲话的核心观点和经典表述进行精选摘登。其中，不少精彩语句被广为传颂，如"打好污染防治攻坚战，宣传工作也是主战场、主阵地，宣传教育这支队伍也是主力军和冲锋队""宣传工作就是生产力""主动客观曝光生态环境问题也是正面宣传"等。李干杰部长的讲话，为做好当前和今后一段时期的生态环境宣传工作廓清了认识，指明了方向，提供了教科书、任务单和路线图。

李干杰

　　5月29日，全国生态环境宣传工作会议在北京开幕，生态环境部部长李干杰出席会议并讲话。他强调，必须坚决贯彻习近平新时代中国特色社会主义思想和党的十九大精神，以习近平生态文明思想为指导，全面落实全国生态环境保护大会的部署和要求，进一步强化生态环境宣传工作，为坚决打好污染防治攻坚战营造良好舆论氛围，加快形成全社会共同关心、支持和参与生态环境保护的强大合力。

　　李干杰表示，要以习近平生态文明思想和总书记关于新闻舆论工作新思想新要求为指导扎实做好生态环境宣传工作。习近平生态文明思想内涵丰富、博大精深，是标志性、创新性、战略性的重大理论成果，是新时代中国特色社会主义思想的重要组成部分，是新时代生态文明建设的根本遵循与最高准则，引领生态环境保护取得历史性成就、发生历史性变革。习近平生态文明思想和关于新闻舆论工作的新思想新要求，为做好生态环境宣传工作提供了方向指引、根本遵循和实践指南。

李干杰指出，生态环境宣传工作是一项十分光荣、极端重要、专业很强的政治性工作，是推进生态环境领域治理体系和治理能力现代化的重要组成部分。必须深刻认识生态环境宣传的重要性，生态环境宣传工作已经成为打好污染防治攻坚战的前沿阵地。必须统筹好生态环境正面宣传和舆论监督的关系，既要正面宣传报道保护生态环境的坚定决心和工作成效，也要主动曝光突出生态环境问题，以及一些地区和部门党政领导干部不作为、慢作为、乱作为的问题。生态环境部门主动曝光问题并督促整改、追究责任，也是正面宣传。必须善于创新生态环境宣传工作的方式方法，要敢于"面对面"，勤于"键对键"，敢创新、善创新、会创新，讲好生态环保故事。要在第一时间发声，还原真相、解疑释惑，把对事实的了解和自信转化为社会的认同和"他信"，避免舆情发酵。

李干杰表示，要进一步增强做好生态环境宣传工作的紧迫感、责任感、使命感。党的十八大以来，中央对加强生态环境宣传工作的要求之高前所未有，环境保护法对加强生态环境宣传工作规定之严前所未有，人民群众对生态环境信息、知识、文化的需求之强前所未有，做好生态环境宣传工作的机遇和舞台之大前所未有。全国生态环境宣传战线紧紧围绕改善生态环境质量这一核心，加大新闻宣传力度，积极引导社会舆论，基本扭转了长期以来环境舆论的被动局面，生态环境宣传工作取得显著成效，站在了新的历史起点上。但也要清醒地认识到，生态环境领域的舆论形势错综复杂，要开拓进取，与时俱进，不断提高工作能力和水平。

李干杰指出，当前和今后一个时期，生态环境宣传工作的核心任务是广泛深入宣传习近平生态文明思想和全国生态环境保护大会精神，以及各地区、各部门

贯彻落实的具体行动和实际成效。

一是大力宣传习近平生态文明思想和全国生态环境保护大会的重大现实意义、深远历史意义和鲜明世界意义。

二是大力宣传生态环境保护形势关键期、攻坚期、窗口期"三期叠加"的重大战略判断。正确引导社会公众客观认识当前我国生态环境保护所处的历史方位和阶段，理解生态环境保护转型过关、爬坡迈坎的历史必然性和现实艰巨性。

三是大力宣传构建包括生态文化体系、生态经济体系、目标责任体系、生态文明制度体系、生态安全体系在内的生态文明五大体系。进一步增强全社会参与推动生态文明建设的自觉性和主动性。

四是大力宣传打好污染防治攻坚战的目标任务和政策举措。坚持舆论先行、舆论保障，凝聚社会共识和攻坚力量。动员全社会行动起来，共同打赢蓝天保卫战，打好碧水保卫战，扎实推进净土保卫战，还老百姓蓝天白云、繁星闪烁，清水绿岸、鱼翔浅底，鸟语花香、田园风光的自然美景。

五是大力宣传加强党对生态文明建设的领导。宣传地方各级党委、政府及有关部门落实"党政同责""一岗双责"的实际举措和成效，不断增进人民群众对党和政府的信任和拥护。

六是大力宣传中央对生态环境保护队伍建设的期望和要求。把习近平总书记要求建设一支政治强、本领高、作风硬、敢担当，特别能吃苦、特别能战斗、特别能奉献的生态环境保护铁军这一重要嘱托，转化成生态环保队伍过硬的信念、政治、责任、能力和作风。

李干杰强调，要加强信息发布，保持传播热度，重视社会舆情，把网民的"表情包"作为生态环境保护工作的"晴雨表"，牢牢把握新闻宣传的话语权和主导权，唱响生态文明建设主旋律。要建好网络时代政府部门的"信息窗口""形象窗口"，用好新媒体矩阵，丰富新媒体产品，面对错误思想和负面有害言论敢于接招发声，始终占领网络传播主阵地，打好生态环境舆论主动仗。要从大局着眼，从细节入手，用典型引路，有新颖表达，全面增强讲好中国生态环境保护故事的本领，不断提高传播感染力、影响力。要充分宣传发动全社会行动，进一步推动社会公众广泛参与生态环境保护，同心同向、同步同行，共振共鸣、共识共进，壮大生态环境保护事业统一战线。要加强生态环境系统全面从严治党宣传工作，以政治生态的风清气正促进自然生态的天朗气清。

李干杰要求，全面提升生态环境宣传工作水平。要提高政治站位，确定硬任务、硬措施，加强能力建设，宣传没跟上，出了问题，也要追责问责。把宣传工作贯穿生态环境工作的全过程和各方面，提高全系统舆论引导水平，为打好打胜污染防治攻坚战作出新的更大贡献。

要加强组织领导，地方各级生态环境部门主要负责同志要带头抓宣传，带头接受媒体采访，当好"第一新闻发言人"。强化宣传力量配备，多举措增加宣传产品和服务。

要强化责任落实，落实生态环保系统业务部门主体责任，以实实在在的工作成绩和恰当的舆论传播赢得老百姓的口碑；落实各地环保部门属地责任，快速反应，主动回应，决不能让谣言跑在真相前面；落实生态环保工作者职业责任，生态环保宣传人人有责，人人都是宣传员。

要打造专业团队，宣传部门是生态环境事业的"战略支援部队"，为打好打胜污染防治攻坚战提供强有力的战略性、基础性、支撑性保障。

要加强全系统宣传资源和工作力量的统筹，加强宣传工作组织体系建设，建立政令畅通、协同联动的工作机制，形成舆论传播和引导工作合力。

要做好舆论传播和引导的策划工作，系统谋划生态环境舆论传播和引导的策

略和方案；做好舆情搜集、监测、分析、研判和预警，跟踪掌握舆情动态；做好各种宣传动员方式的科学运用，构建行之有效的宣教和舆论引导工作体系；做好传播内容生产和加工，确保足够的素材储备；做好舆情应对和舆论引导工作，针对不同情形，实施针对性应对措施；打造生态环境宣传"尖兵"队伍，增强"四个意识"，发扬"严真细实快"作风，为打好污染防治攻坚战提供坚强舆论保障。

生态环境部副部长翟青主持会议。生态环境部副部长黄润秋、中央纪委驻生态环境部纪检组组长吴海英、副部长庄国泰出席会议。

中宣部、中央网信办、中央文明办、教育部、民政部、住房和城乡建设部、国家广播电视总局、共青团中央、全国妇联等部门相关同志，各省、自治区、直辖市环境保护厅（局）及新疆生产建设兵团环境保护局负责人、宣教部门主要负责同志参加会议。

机关各部门、在京各直属单位负责同志参加会议。

盘点丨生态环境部部长谈宣传工作，记者们都get到哪些点？

全国生态环境保护大会才刚刚胜利闭幕，5月29日，全国生态环境宣传工作会议也在北京召开，本次会议同样采用"高规格"配置：在京的5位生态环境部领导全部出席会议，全国31个省市区环保厅局"一把手"到会，生态环境部各司局负责人到会。生态环境部部长李干杰出席，并围绕生态环境宣传这件事给大家作了近3个小时的讲话。

在讲话中，李干杰谈起生态环境宣传工作"金句"频出，被媒体广泛引用。记者们从部长长达3个小时的讲话中都get到哪些点？小编带您一起来看看……

"事实雄辩地印证了一个道理，主动客观曝光生态环境问题也是正面宣传。"

李干杰说，做好生态环境舆论工作既要正面宣传报道党中央、国务院保护生态环境的坚定决心和决策部署及各地区各部门的不懈努力和工作成效，也要主动曝光损害群众健康和影响高质量发展的突出生态环境问题，一些地区和部门党政领导干部不作为、慢作为、乱作为的问题。

尤其是要认识到，加大执法督察力度，主动曝光问题和有关责任人并督促问题整改、追究责任，会受到群众的理解和拥护，不仅没有负面影响，而且集聚正能量，提高政府公信力，增强全社会解决生态环境问题的信心和希望。

"生态环境宣传和舆论引导工作必然是长期持久的过程。"

李干杰说，生态破坏问题和环境污染表面上通过大气、水体和土壤等环

境质量恶化表现出来，根子还是发展方式和生活方式出了问题，具体来讲，就是产业结构、能源结构、运输结构、用地结构、农业投入结构和居民消费结构等方面存在失衡问题。

发展方式的转变，要靠经济高质量发展的长期持续推进才能从量变到质变。生活方式的转变也绝非一朝一夕之间，需要社会舆论持续引导、先进理念持久浸润、社会心理潜移默化。这两个转变都是一个长期过程。

"生态环境新闻宣传要以帮助解决群众身边突出的生态环境问题为出发点，以提升群众环境获得感、幸福感为落脚点。"

李干杰说，新闻宣传是生态环境宣传的重心，要以帮助解决群众身边突出的生态环境问题、改善生态环境质量、实现经济高质量发展为出发点，以提升群众环境获得感、幸福感为落脚点。要开好新闻发布会，加大伴随式采访，曝光违法典型，宣传治理成效。

"各级生态环境部门要用好政务新媒体，用好新媒体矩阵。"

李干杰说，政务新媒体是网络时代政府部门的信息窗口、形象窗口，也是生态环境部门开展生态环境舆论传播和引导的"标配"工具。 地市级及以上生态环境部门要明确政务新媒体的定位和功能，集中力量做优、做强一个主账号，发布权威信息，听取网民呼声。

他要求，各级生态环境部门的负责同志要多看多用政务新媒体，花一些时间学习了解，很多貌似复杂的"高科技"，其实没有那么"神秘"，懂了就不怵，用了则不难。

"要把网民的'表情包'作为生态环境保护工作的'晴雨表'。"

李干杰说，要正确对待舆情，不能麻木不仁、鹅行鸭步，也不能杯弓蛇影、草木皆兵。要特别重视网络舆情，把网民的"表情包"作为生态环境保护工作的"晴雨表"，对网民反映的问题，要及时回应处置。

　　"部机关和地方各级生态环境部门干部，既要学会与媒体直接打交道，敢于'面对面'；又要学会与网友间接沟通交流，勤于'键对键'。"

　　李干杰说，早期，生态环境议题"曲高和寡"，如今在全民关注的背景下，公众对生态环境知识和信息的需求更加迫切，不管是生态环境部，还是地方生态环境系统的工作人员，都要学会和媒体打交道，敢于"面对面"，更要学会与网友间接沟通交流，勤于"键对键"。

　　（据《中国青年报》《澎湃新闻》《北京晚报》《新京报》等报道整理）

本月盘点

　　微博： 本月发稿440条，阅读量23365977；

　　微信： 本月发稿330条，阅读量3095688。

6月

- 长三角区域污染防治协作机制会议召开
- 六五环境日主场活动在长沙举办
- 2018—2019年蓝天保卫战重点区域强化督查启动

2018

发布时间
2018.6.2

长三角区域污染防治协作机制会议召开

长三角区域大气污染防治协作小组第六次工作会议暨长三角区域水污染防治协作小组第三次工作会议于6月2日在上海召开。中共中央政治局委员、上海市委书记、协作小组组长李强主持会议并讲话。生态环境部部长李干杰在会上讲话。江苏省省长吴政隆、浙江省省长袁家军、安徽省省长李国英、上海市常务副市长周波分别介绍了本省市大气和水污染防治措施工作进展以及下一步安排和有关建议。

会议深入学习贯彻全国生态环境保护大会精神、习近平生态文明思想以及习近平总书记关于长江经济带、长三角一体化发展的重要指示精神，深入交流打好污染防治攻坚战有关情况，总结区域大气和水污染防治协作的主要进展和成效，研究部署下一阶段协作工作，讨论了《中国国际进口博览会长三角区域协作环境空气质量保障方案》。

李强在讲话中指出，打好污染防治攻坚战、建设绿色美丽长三角，必须深入学习领会习近平生态文明思想，提高思想认识，强化使命担当，切实贯彻落实到各项行动之中。要不断增强推进生态文明建设、解决生态环境问题、满足人民日益增长的优美生态环境需要的自觉性、紧迫性，更好发挥长三角的带动和示范效应，以更严要求、更高标准在探索生态优先、绿色发展方面树立标杆，为实现高

质量发展、创造高品质生活作出长三角应有的贡献。

　　李强强调，要聚焦重点，合力打好污染防治攻坚战。加大力度优化用能结构、提升用能效率，下大力气推动产业结构调整、淘汰过剩落后产能。主动对标中央部署要求，抓紧研究制定提升方案，不折不扣抓好落实。坚持问题导向、对症下药、精准发力，拿出专项治理方案，以更加精准、更加高效的减排措施打赢蓝天保卫战；坚持上下游联动、水岸联治，有效治理水污染，加强水源地协同保护，确保流域水体水质持续改善，确保广大人民群众始终喝到好水、放心水。要做足"联"字文章，着力提升区域生态环境保护水平。强化大气、水污染防治专项协作平台同区域一体化合作平台联动，推动环保协作与长三角一体化发展深度融合；强化区域污染防治协作与交通、能源、信息、科技、信用、金融等专题合作有机衔接，更好地开展源头治理，推动形成绿色发展方式和绿色生活方式；强

化港口岸电、重污染天气联动应对等共性问题的联合突破，有序推进标准统一，深化区域环境信息共享；强化中国国际进口博览会等重大活动区域联防联控，抓细节抓落实，共同保障好环境质量。

李干杰指出，长三角区域大气和水污染防治协作小组成立以来，坚持共商、共治、共享，各成员单位密切协作，充分发挥协作机制平台作用，探索出了一套跨区域污染联防联控工作模式，推动了区域环境空气质量明显改善，也有力推动了区域经济协同发展和转型升级。但是，也要看到区域环境空气质量改善效果还不稳固，水环境质量改善的压力较大，必须高度重视，进一步加大污染防治力度，尽快补齐短板、强化弱项、夯实基础。

李干杰强调，长三角三省一市要以习近平生态文明思想为指导，深入贯彻落实全国生态环境保护大会精神，进一步增强做好生态环境保护工作的决心和信心，严格考核压实责任，着力从能源、产业、交通、用地四大结构调整优化入手，深化源头治理、区域联动，有效应对重污染天气，坚决打赢蓝天保卫战。要深化水污染防治，加强饮用水水源保护，集中整治城市黑臭水体、劣Ⅴ类水体和排入江河湖海的不达标水体，大力治理工业源、生活源和农业农村面源污染，积极修复水生态系统，做到减排和增容两手发力，坚决打好碧水保卫战，实现没有水分的生态环境质量改善目标。

国家发展和改革委、科技部、工业和信息化部、财政部、自然资源部、住房和城乡建设部、交通运输部、水利部、农业农村部、国家卫生健康委、中国气象局、国家能源局等部门负责同志在会上发言。

发布时间
2018.6.5

六五环境日主场活动在长沙举办

【编者按】

  2018年6月5日，生态环境部、中央文明办、湖南省人民政府在湖南长沙共同举办六五环境日国家主场活动。现场发布了《公民生态环境行为规范（试行）》，揭晓了"2016—2017年绿色中国年度人物"，启动了"美丽中国，我是行动者"主题实践活动，来自政府、企业、社会组织、学校和媒体等各界代表共1200多人参加。

  环境日期间，生态环境部还组织开展了多个线上线下宣传活动，拓宽社会公众参与生态环境保护的渠道。环境日主题歌试唱、"步步为林"运动挑战等得到了社会各界的广泛参与。仅在新浪微博上，@生态环境部 主持的"六五环境日"话题，就有近1亿的阅读量，14万人次参与讨论；"美丽中国，我是行动者"话题，阅读量超过3.8亿，参与讨论人次超过270万。

　　2018年六五环境日主场活动于6月5日在湖南长沙举办。湖南省委书记杜家毫，湖南省省长许达哲，生态环境部党组书记、部长李干杰，中共中央宣传部副秘书长赵奇等出席活动。

　　活动在六五环境日主题曲《让中国更美丽》的音乐声中拉开帷幕。杜家毫发表主旨讲话，他首先代表湖南省委、省政府和湖南人民对与会嘉宾表示欢迎与感谢。杜家毫表示，生态环境是人类生存和发展的根基。保护生态环境、推进绿色发展、建设美丽中国，是关系中华民族永续发展的根本大计，是实现经济高质量发展的必然要求。这次六五环境日以"美丽中国，我是行动者"为主题，顺应发展大势，紧贴公众意愿，对于引导全社会积极参与生态文明和美丽中国建设、加快形成绿色生产方式和生活方式具有十分重要的意义。"一带一路"相关国家代

表和有关国际嘉宾应邀参加这次活动，对加强环境保护国际合作更是有力的推动和促进。

杜家毫指出，湖南是毛泽东主席的家乡，山清水秀、环境优美。近年来，湖南坚持以习近平新时代中国特色社会主义思想为指导，深入实施创新引领开放崛起战略，积极探索生态优势转化为发展优势的科学路径，在保持经济社会平稳健康发展的同时，推动美丽湖南和生态强省建设迈出坚实步伐，全省生态环境质量不断好转，初步形成了经济发展与环境保护协调互动、相得益彰的基本格局。

杜家毫指出，保护生态环境、建设美丽中国，重在全民参与、共同行动。从湖南来讲，我们的行动就是坚持生态优先、绿色发展，加快建设富饶美丽幸福新湖南。富饶，就是坚持发展为要，全面贯彻新发展理念，坚守绿水青山就是金山银山，提高全面建成小康社会的质量和成色。美丽，就是坚持生态优先，加强环境保护，建设生态强省，还自然以宁静、和谐、美丽，使三湘大地天更蓝、山更绿、水更清、地更净、家园更美好。幸福，就是坚持民生为本，既创造更多的物质财富和精神财富以满足人民日益增长的美好生活需要，也提供更多优质的生态产品以满足人民日益增长的优美生态环境需要。

杜家毫表示，湖南将牢记习近平总书记"守护好一江碧水"的殷切嘱托，统筹山水林田湖草等生态要素，开展碧水、蓝天、净土、清废行动，努力保护和修复好自然生态，坚决打好污染防治攻坚战，以环境治理擦亮山清水秀的名片；把生态文明理念融入经济社会发展全过程、各方面，严守生态保护红线、环境质量底线、资源利用上线，走生态优先绿色发展路子，实现发展模式变"绿"、产业结构变"轻"、经济质量变"优"，让绿色成为高质量发展的底色；顺应人民群众对干净水质、绿色食品、清新空气等优美生态环境的需要，把解决突出生态环境问题作为民生优先领域，突出生态惠民、利民、为民，使生态幸福成为高品质生活的标配；以生态文明体制改革为突破，以落实"河长制""湖长制"为抓手，用最严密法律最严格制度保护生态环境，加快构建生态文明体系，着力健全生态环境保护常态长效机制，把美丽湖南变成全省上下的追求，全面动员、全民参与生态环境保护工作，自觉做美丽湖南建设的践行者、推动者。

许达哲发表致辞。他表示，湖南将深入贯彻全国生态环境保护大会和长江经济带发展座谈会议精神，紧紧围绕建设富饶美丽幸福新湖南的目标，着力落实湖南省委《关于坚持生态优先绿色发展 深入实施长江经济带发展战略 大力推动湖南高质量发展的决议》，切实抓好以"一湖四水"为主战场的生态环境保护与治理。

许达哲指出，湖南将坚持新时代推进生态文明建设的"六大原则"，加快构建生态文化体系、生态经济体系、目标责任体系、生态文明制度体系和生态安全体系。坚决贯彻新发展理念，紧扣高质量发展要求，转变发展方式，优化经济结构，加快形成节约资源和保护环境的空间格局、产业结构、生产方式、生活方式。认真落实"共抓大保护，不搞大开发"的要求，坚持生态优先、绿色发展，把全省发展纳入长江黄金经济带建设之中，努力把长江岸线变成美丽风景线、把洞庭湖区变成大美湖区、把"一湖四水"变成湖南的亮丽名片，为建设美丽清洁的万里长江作出湖南贡献。大力实施污染防治攻坚战"三年行动计划"，以"一湖四水"为主战场，以大气、水、土壤污染防治为重点，开展污染防治"夏季攻势"，抓好湘江保护和治理"一号重点工程"、洞庭湖生态环境专项整治等重点工作，打赢蓝天、碧水、净土保卫战。忠实践行以人民为中心的发展思想，集中力量解决一批群众反映突出、社会普遍关注的重点难点环境问题，不断满足群众日益增长的优美生态环境需要。

许达哲说，重现"漫江碧透、鱼翔浅底"的湘江美景，再绘琼田万顷、烟波

浩渺的巴陵胜状，需要集四海之智，纳四方之才。真诚希望各位专家学者为湖南破解环境难题提供指导，广大企业家积极参与生态环保事业和绿色产业发展，社会全体成员更加自觉践行绿色发展方式和生活方式，携手共进、同心同向，共建天蓝、地绿、水清的美好家园，共谱美丽中国建设的湖南篇章。

李干杰发表主旨讲话。他表示，上个月刚刚召开的全国生态环境保护大会具有划时代的里程碑意义。大会正式确立习近平生态文明思想，深刻回答了为什么建设生态文明、建设什么样的生态文明、怎样建设生态文明的重大理论和实践问题，成为习近平新时代中国特色社会主义思想的重要组成部分。习近平生态文明思想内涵丰富，是标志性、创新性、战略性重大理论成果，是新时代生态文明建设的根本遵循与最高准则，引领生态环境保护取得历史性成就、发生历史性变革。当前和今后一个时期，生态环境宣传和舆论引导工作的核心任务就是广泛深入宣传习近平生态文明思想和全国生态环境保护大会精神。

李干杰指出，今年六五环境日的主题是"美丽中国，我是行动者"，旨在进行广泛社会动员，推动从意识向意愿转变，从抱怨向行动转变，以行动促进认识提升，知行合一，从简约适度、绿色低碳生活方式做起，积极参与生态环境事务，同心同德，打好污染防治攻坚战，在全社会形成人人、事事、时时崇尚生态文明的社会氛围，让美丽中国建设深入人心，让绿水青山就是金山银山的理念得到深入认识和实践、结出丰硕成果。

李干杰就全社会关心、参与和支持生态环境保护提出四点希望。

一是人人都成为环境保护的关注者，欢迎社会各界人士和广大网友积极关注生态环境政策，为政府建言献策、贡献智慧，集全民智慧不断改进生态环境保护工作。

二是人人都成为环境问题的监督者，群众的力量是无穷的，发现生态破坏和环境污染问题要及时劝阻、制止或向"12369"平台举报。生态环境部门愿为群众代言，坚决捍卫群众的生态环境权益。

三是人人都成为生态文明的推动者，要积极传播生态环境保护知识和生态文明理念，参与环保公益活动和志愿服务，传递环保正能量，使生态道德和生态文化得到弘扬，感染和影响更多人投身生态环境保护事业。

四是人人都成为绿色生活的践行者，从我做起，从身边小事做起，拒绝铺张浪费和奢侈消费，自觉践行简约适度、绿色低碳的生活方式，点点滴滴和涓涓细流，终将汇聚成生态环境保护的巨大能量。

联合国副秘书长兼环境规划署执行主任索尔海姆通过视频发来热情洋溢的环境日寄语，他说，今年六五环境日"美丽中国，我是行动者"是很好的主题。美丽中国意味着减少污染，意味着少用煤炭多用太阳能，意味着让城市变得更美丽，意味着保护中国美丽的大自然，让所有的绿水青山展现魅力。索尔海姆表示，环境规划署非常感谢中国在环境保护领域诸多方面的领导力，呼吁大家携手践行"绿水青山就是金山银山"的理念。

六五环境日主场活动还颁授了"2016—2017年绿色中国年度人物"，发布《公民生态环境行为规范（试行）》。杜家毫、许达哲、李干杰、赵奇共同启动"美丽中国，我是行动者"主题实践活动。最后，在《让中国更美丽》的主题曲中，六五环境日主场活动落下帷幕。

本次活动由生态环境部、中央精神文明建设指导委员会办公室、湖南省人民政府共同主办。中央国家机关及群团组织有关部门负责同志、联合国环境规划署驻华代表，以及有关国际组织代表出席活动。

在六五环境日主场活动举办前，6月4日，李干杰先后走访调研了湖南省岳阳市华龙码头、七里山水文站、东风湖、三大湖和市级饮用水水源地金凤桥水库，

实地察看环境综合治理情况。李干杰在调研中指出，要坚决贯彻落实习近平总书记对长江经济带"共抓大保护，不搞大开发"的重要指示精神，切实保护长江生态环境安全，做到水资源、水生态、水环境并重，抓上下游统筹、抓重点区域、抓治理修复、抓体制机制改革，保护好长江这条和谐、健康、清洁、优美、安全的母亲河。

李干杰强调，长江保护修复是党中央、国务院部署的打好污染防治攻坚战七场标志性重大战役之一，要及时将饮用水水源地环境保护、城市黑臭水体整治、"清废行动2018"等强化督查专项行动发现的问题移交市、县（区）两级人民政府，限期解决，并将问题整改情况作为中央环境保护督察"回头看"的重要内容，强化督察问责。同时，要强化信息公开和宣传报道，充分利用好社会监督力量，共同打好长江保护修复这场战役。

征集｜六五环境日主题曲《让中国更美丽》喊你来唱！

　　生态环境部确定2018年六五环境日主题为"美丽中国，我是行动者"。为做好六五环境日宣传，让美丽中国观念更加深入人心，生态环境部制作主题歌曲《让中国更美丽》。现向全社会征集该歌曲优秀演唱作品，有关事项如下：

扫码查看

"美丽中国，我是行动者"大家说

　　1. 投稿方式：歌曲《让中国更美丽》的歌词、旋律已发布（见附件），活动报名者可自行录制音频或视频作品。

　　活动参加者可将演唱作品以MP3、MP4格式发至邮箱gequzhengji65@163.com，邮件主题格式需为：让中国更美丽演唱作品_参赛者姓名_手机号码。

　　2. 征集时间：即日起至2018年6月5日。

　　3. 评选办法：生态环境部将组织专业评委对征集作品进行评选，并择优秀作品在生态环境部的微博、微信上进行展播。

　　4. 版权说明：活动参与者应保证本人为所投送作品的作者，并保证所投送作品不侵犯第三人肖像权、隐私权等合法权益。

　　主办单位对所报送作品有展播权利。

让中国更美丽

本 行 词
咏 梅 曲

"2016—2017年绿色中国年度人物"揭晓

6月5日，"2016—2017年绿色中国年度人物"在六五环境日国家主场活动现场湖南省长沙市正式揭晓。

7位获奖年度人物分别为海南省蓝丝带海洋保护协会会长郑文春、生态环境部华南督察局督察三处处长喻旗、江西君子谷野生水果世界有限公司董事长庄席福、中国工程院院士贺克斌、湖南广播电视台卫视频道主持人汪涵、青年演员李晨、云冈石窟研究院院长张焯。

本届"2016—2017年绿色中国年度人物"评选以"全民共治，环保攻坚"为主题，继续秉承"公益""行动""影响"三大评选标准寻找优秀社会人士或集体。在评选活动正式启动后，经过推荐提名、资格审查及初评、公示、最终评选阶段，7位致力于民间行动、公共服务、企业责任、学术精神、传播影响文化引领的优秀人物，凭借坚守绿色理想的精神和感人至深的行动从24位入选者中脱颖而出。

绿色中国年度人物由生态环境部、全国人大环资委、全国政协人资环委、国家广电总局、共青团中央、军委后勤保障部军事设施建设局共同主办，联合国环境规划署特别支持。

发布时间
2018.6.5

生态环境部等 5 部门联合发布《公民生态环境行为规范（试行）》

2018年6月5日是新修订的《环境保护法》规定的第4个环境日。生态环境部、中央文明办、教育部、共青团中央、全国妇联5部门在2018年六五环境日国家主场活动现场联合发布《公民生态环境行为规范（试行）》，倡导简约适度、绿色低碳的生活方式，引领公民践行生态环境责任，携手共建天蓝、地绿、水清的美丽中国。

公民生态环境行为规范（试行）

第一条　关注生态环境。关注环境质量、自然生态和能源资源状况，了解政府和企业发布的生态环境信息，学习生态环境科学、法律法规和政策、环境健康风险防范等方面知识，树立良好的生态价值观，提升自身生态环境保护意识和生态文明素养。

第二条　节约能源资源。合理设定空调温度，夏季不低于26度，冬季不高于20度，及时关闭电器电源，多走楼梯少乘电梯，人走关灯，一水多用，节约用纸，按需点餐不浪费。

第三条　践行绿色消费。优先选择绿色产品，尽量购买耐用品，少购买使用一次性用品和过度包装商品，不跟风购买更新换代快的电子产品，外出自带购物袋、水杯等，闲置物品改造利用或交流捐赠。

第四条　选择低碳出行。优先步行、骑行或公共交通出行，多使用共享交通工具，家庭用车优先选择新能源汽车或节能型汽车。

第五条　分类投放垃圾。学习并掌握垃圾分类和回收利用知识，按标志单独投放有害垃圾，分类投放其他生活垃圾，不乱扔、乱放。

第六条　减少污染产生。不焚烧垃圾、秸秆，少烧散煤，少燃放烟花爆竹，抵制露天烧烤，减少油烟排放，少用化学洗涤剂，少用化肥农药，避免噪声扰民。

第七条　呵护自然生态。爱护山水林田湖草生态系统，积极参与义务植树，保护野生动植物，不破坏野生动植物栖息地，不随意进入自然保护区，不购买、不使用珍稀野生动植物制品，拒食珍稀野生动植物。

第八条　参加环保实践。积极传播生态环境保护和生态文明理念，参加各类环保志愿服务活动，主动为生态环境保护工作提出建议。

第九条　参与监督举报。遵守生态环境法律法规，履行生态环境保护义务，积极参与和监督生态环境保护工作，劝阻、制止或通过"12369"平台举报破坏生态环境及影响公众健康的行为。

第十条　共建美丽中国。坚持简约适度、绿色低碳的生活与工作方式，自觉做生态环境保护的倡导者、行动者、示范者，共建天蓝、地绿、水清的美好家园。

第一批中央环境保护督察"回头看"全部实现督察进驻

发布时间
2018.6.7

6月7日上午，中央第五环境保护督察组对广西壮族自治区开展"回头看"工作动员会在南宁召开。至此，第一批中央环境保护督察"回头看"全部实现督察进驻。

在督察进驻动员会上，各督察组组长强调，以习近平同志为核心的党中央高度重视生态文明建设和生态环境保护工作，将生态文明建设纳入中国特色社会主义"五位一体"总体布局和"四个全面"战略布局。习近平总书记站在建设美丽中国、实现中华民族伟大复兴中国梦的战略高度，亲自推动，身体力行，通过实践深刻回答了为什么建设生态文明、建设什么样的生态文明、怎样建设生态文明的重大理论和实践问题，提出了一系列新理念、新思想、新战略，形成了习近平生态文明思想，成为全党全国推进生态文明建设和生态环境保护、建设美丽中国的根本遵循。建立并实施中央环境保护督察制度是习近平生态文明思想的重要内涵，必须以解决突出生态环境问题、改善生态环境质量、推动经济高质量发展为重点，夯实生态文明建设和生态环境保护政治责任，推动环境保护督察向纵深发展。

这次"回头看"总的思路是全面贯彻落实习近平新时代中国特色社会主义思

<h2 align="center">第一批中央环境保护督察"回头看"进驻一览表</h2>

组别	组长	被督察地方	进驻时间	值班电话	邮政信箱
中央第一环境保护督察组	朱之鑫	河北	2018 年 5 月 31 日—6 月 30 日	0311-87801028	石家庄市邮政信箱 638 号
		河南	2018 年 6 月 1 日—7 月 1 日	0371-65603600	郑州市 70 号专用邮政信箱
中央第二环境保护督察组	吴新雄	内蒙古	2018 年 6 月 6 日—7 月 6 日	0471-6960015	呼和浩特 2588 号邮政信箱
		宁夏	2018 年 6 月 1 日—7 月 1 日	0951-5986000	银川市第 18004 号邮政信箱
中央第三环境保护督察组	黄龙云	黑龙江	2018 年 5 月 30 日—6 月 30 日	0451-84010912	哈尔滨市第 450 号邮政专用信箱
中央第四环境保护督察组	马中平	江苏	2018 年 6 月 5 日—7 月 6 日	025-83585266	南京市 1420 邮政信箱
		江西	2018 年 6 月 1 日—7 月 1 日	0791-88918612	南昌市 3622 邮政专用信箱
中央第五环境保护督察组	张宝顺	广东	2018 年 6 月 5 日—7 月 5 日	020-87766710	广州市 713 信箱
		广西	2018 年 6 月 7 日—7 月 7 日	0771-5577276	南宁市 2018-6 号邮政专用信箱
中央第六环境保护督察组	朱小丹	云南	2018 年 6 月 5 日—7 月 5 日	0871-63886001	昆明市第 98 号信箱

想和党的十九大精神，以习近平生态文明思想为指导，牢固树立"四个意识"，坚持问题导向，敢于动真碰硬，标本兼治、依法依规，对第一轮中央环境保护督察反馈问题紧盯不放、一盯到底，强化生态环境保护党政同责和一岗双责，不达目的决不松手。同时，按照党中央、国务院关于打好污染防治攻坚战的决策部署，结合被督察省（区）具体情况，同步统筹安排环境保护专项督察，进一步拧紧螺丝，严肃问责，强化震慑，为打好污染防治攻坚战提供强大助力。

　　10个省（区）党委主要领导同志均做了动员讲话，强调要坚决贯彻落实习近平生态文明思想和党中央、国务院决策部署，牢固树立"四个意识"，践行新发展理念，坚决扛起生态文明建设和生态环境保护的政治责任，并要求所在省（区）各级党委和政府及有关部门切实统一思想、提高认识，全力做好督察配合，加强边督边改，确保"回头看"工作顺利推进并取得实实在在的效果。

　　根据安排，第一批"回头看"进驻时间为1个月。进驻期间，各督察组分别设立专门的值班电话和邮政信箱，受理被督察省（区）生态环境保护方面的来信来电举报，受理举报电话时间为每天8：00—20：00。

发布时间
2018.6.9

生态环境部召开 2018—2019 年蓝天保卫战重点区域强化督查启动视频会

【编者按】

2018年6月，2018—2019年重点区域大气污染防治强化监督（强化督查）工作正式启动。新一轮大气污染防治强化监督在上一年对京津冀及周边地区"2+26"城市开展督查的基础上，将范围扩展到了汾渭平原和长三角地区，督查城市由28个增加到了80个。

强化监督开展期间，生态环境部共向地方派驻监督组290个，每天对2000～3000个点位开展检查，累计参与人数超过3万人次。此次强化监督以"散乱污"企业综合整治、散煤清洁化替代、柴油货车治理、扬尘综合整治为重点，促进地方产业、能源、运输、用地"四大结构"调整。通过不断发现环境问题、解决环境问题，改善环境质量，推动高质量发展。

在此次强化监督行动期间，还广泛运用在线监控、"热点网格"技术等科技手段，提高了督查的针对性、准确性。

2018年6月8日上午，生态环境部召开2018—2019年打赢蓝天保卫战重点区域强化督查启动视频会，部党组书记、部长李干杰出席会议并讲话。

他说，要深入贯彻习近平新时代中国特色社会主义思想和党的十九大精神，以习近平生态文明思想为指导，全面落实全国生态环境保护大会各项部署和要求，紧紧围绕打好打胜污染防治攻坚战，尤其是打赢蓝天保卫战，全面启动重点区域强化督查工作，不断满足人民日益增长的优美生态环境需要，为决胜全面建成小康社会提供坚实的生态环境保障。

李干杰指出，全国生态环境保护大会上个月在北京胜利召开，习近平总书记出席会议并作重要讲话，对全国加强生态环境保护、坚决打好污染防治攻坚战做了系统部署和安排。大会确立了习近平生态文明思想，这是标志性、创新性、战略性的重大理论成果，是新时代生态文明建设的根本遵循和行动指南，为推动生态文明建设和生态环境保护提供了科学的思想指引和强大的实践动力。

李干杰要求，全国生态环境部门要把学习好、宣传好、贯彻好全国生态环境保护大会精神，作为当前和今后一个时期的一项重要政治任务。

一是要准确理解全国生态环境保护大会的重大现实意义和深远历史意义，坚决把思想和行动统一到习近平总书记重要讲话精神上来，把智慧和力量凝聚到大

会作出的决策部署和确定的目标任务上来。

二是要深入领会习近平生态文明思想的核心要义，不断提高政治站位，用习近平生态文明思想武装头脑、指导实践、推动工作。

三是要深刻把握我国生态文明建设处于关键期、攻坚期和窗口期的重大形势判断，不断增强打好打胜污染防治攻坚战的信心和决心。

四是要加快构建生态文明体系，推进生态环境治理体系和治理能力现代化。

五是要严格落实生态环境保护"党政同责""一岗双责"，不断传导压力，层层抓落实。

六是要建设一支政治强、本领高、作风硬、敢担当，特别能吃苦、特别能战斗、特别能奉献的生态环境保护铁军。

李干杰指出，打好污染防治攻坚战是党中央确定的重大任务，必须以壮士断腕的决心、背水一战的勇气、攻城拔寨的拼劲，坚决打好打胜污染防治攻坚战，确保三年见到实实在在的成效，向党中央和人民群众交一份合格答卷。

从总体上讲，要明确一个指导思想，就是坚持以习近平生态文明思想为指导；压实一个政治责任，即推动地方党委、政府及有关部门坚决扛起生态文明建设和生态环境保护政治责任；把握一个核心目标，即坚持以改善生态环境质量为核心，确保环境质量只能更好，不能变坏；形成一套策略方法，坚持求真务实，以重点突破带动整体推进、严格执法督察问责倒逼工作落实，实现没有水分的环境质量改善。

从具体操作看，就是要打赢蓝天保卫战、扎实打好碧水保卫战、着力推进净土保卫战，具体任务就是要坚决打赢蓝天保卫战，打好柴油货车污染治理、城市黑臭水体治理、渤海综合治理、长江保护修复、水源地保护、农业农村污染治理攻坚战7场标志性重大战役，开展好落实《禁止洋垃圾入境 推进固体废物进口管理制度改革实施方案》、打击固体废物及危险废物非法转移和倾倒、垃圾焚烧发电行业达标排放、"绿盾"自然保护区监督检查4个专项行动。

李干杰强调，打好污染防治攻坚战，重中之重是打赢蓝天保卫战，要抓紧出台实施打赢蓝天保卫战三年作战计划。紧紧扭住"四个重点"，即重点防控污染因子是PM$_{2.5}$，重点区域是京津冀及周边、长三角和汾渭平原，重点时段是秋冬季和初春，重点行业和领域是钢铁、火电、建材等行业以及"散乱污"企业、散煤、柴油货车、扬尘治理等领域。优化"四大结构"，就是要优化产业结构、能源结构、运输结构和用地结构。强化"四项支撑"，就是要强化环保执法督察、区域联防联控、科技创新和宣传引导。实现"四个明显"，就是要进一步明显降低PM$_{2.5}$浓度，明显减少重污染天数，明显改善大气环境质量，明显增强人民的蓝天幸福感。

李干杰指出，针对重点区域、重点领域、重点问题开展生态环境保护强化督查，不是"运动式""一阵风"，而是新的长效机制，不是要求"一刀切"，而是要精准治污，根本目的是要帮助地方党委、政府发现环境问题，进而解决环境问题，改善环境质量。相关地方要根据生态环境部统一部署，抽调精兵强将参加督查工作。接受督查的地方政府和相关部门要切实转变思想，把督查作为解决突出环境问题的契机，积极配合开展督查工作。全国其他地方也要根据本地情况有针对性地组织开展督查。

李干杰强调，开展2018—2019年打赢蓝天保卫战重点区域强化督查，是打赢蓝天保卫战的既定部署，要推广好、学习好、应用好2017—2018年京津冀及周边地区大气污染防治强化督查积累的丰富经验，持续做好各项督查工作。

一是突出重点，以点带面。不搞眉毛胡子一把抓，聚焦"四个重点"，集中有限的人力、物力和财力，力求实现重点突破，从而带动整体推进。

二是坚持问题导向，力求多效。盯紧突出环境问题，以有利于减少污染排放、改善环境质量，有利于优化产业结构、推动高质量发展，有利于解决老百姓身边的突出环境问题、促进社会和谐稳定为导向，开展强化督查工作，实现经济效益、社会效益、环境效益多赢。

三是紧盯关键，压实责任。关注重点领域、重点环节，把发现的问题直接交办地方政府，并持续跟踪问效，层层传导压力。

四是拉条挂账，清单管理。要细化环境污染治理任务，实行清单化、台账式管理，严格实施销号制度，把工作抓细、抓实、抓小。

五是统一指挥，合力攻坚。坚持全国生态环境保护一盘棋，根据工作需要，从全国生态环境部门抽调精干力量，统一调配使用，开展强化督查和交叉执法。

六是科技支撑，创新手段。持续开展大气污染成因和治理科技攻关，充分发挥外派专家组咨询作用，利用好网格化监管手段，有效提高督查工作效率，精准发现问题。

七是公开透明，依靠群众。认真受理群众举报，及时公开交办问题和问题整改情况，充分发挥全社会的监督作用。

八是引导舆论，及时回应。积极宣传督查工作进展和典型，营造积极正面的社会舆论氛围，凝聚广泛的社会共识和攻坚力量。

李干杰指出，2018—2019年重点区域大气污染防治强化督查工作正式启动，生态环境保护执法队伍要充分发挥"排头兵""冲锋队"作用，积极参与到强化督查工作中，为打赢污染防治攻坚战、建设美丽中国作出新的更大贡献。

一要提高政治站位，进一步增强责任感、使命感、紧迫感。树牢"四个意识"，坚定"四个自信"，牢记使命宗旨，以高度的政治自觉、思想自觉、行动自觉参与大气污染防治重点区域强化督查工作，着力解决突出生态环境问题。

二要不断提升专业技能素养，善于发现问题、解决问题。不断提高专业化、职业化水平，研究新情况、解决新问题，做到精准排查、精准打击，全面提升环境执法监管能力和水平。

三要遵守工作规范，严守纪律底线。严格执行中央八项规定和党风廉政相关规定，督查工作中要管住口，不该说的不说，不该吃的不吃；管住手，不该拿的不拿，不该动的不动；管住脚，不该去的地方不去，不该游的地方不游。时刻做政治上的明白人、工作上的尽责者、纪律上的规矩人。

四要保持优良工作作风，做到招之即来、来之能战、战之能胜。勇于发扬钉钉子精神，保持知难而进、锲而不舍的闯劲和韧劲，主动作为、自我加压，敢于碰硬、敢于战斗，在问题、困难和矛盾面前不绕弯、不等待、不推诿、不退缩。

李干杰要求，各部门各单位都要关心爱护所有强化督查参与人员，为担当者担当，为负责者负责，做他们的坚强后盾。地方党委和政府及其相关部门也要切实处理好与督查组的关系，关心和支持督查工作，相互配合，形成合力。

会议以视频会形式在生态环境部设立主会场，在派出机构、直属单位，省级环保部门以及有视频条件的地市、区县级环保部门设分会场，共计2021个。

江苏省环境保护厅、福建省环境保护厅、中国环境科学研究院、廊坊市人民政府主要负责同志在会上做了交流发言。

副部长翟青在广西南宁分会场主持会议。

副部长赵英民在山东青岛分会场，副部长刘华、中央纪委驻部纪检组组长吴海英在主会场出席会议。

部机关各司局主要负责同志，在京派出机构、直属单位主要负责同志，部机

关全体干部在主会场参加会议。各派出机构、直属单位干部职工，各省级、地市级和区县级环保部门干部职工，京津冀及周边地区"2+26"城市和汾渭平原等11个地级市人民政府分管负责同志、各区县人民政府主要负责同志在分会场参加会议。

本月盘点

微博：本月发稿517条，阅读量86347553；

微信：本月发稿334条，阅读量4873823。

7月

- 第一批中央环境保护督察"回头看"进驻工作结束
- 生态环境部通报地方查处的5起环境监测数据弄虚作假案件

发布时间
2018.7.6

生态环境部召开全面深化改革领导小组全体会议

7月6日，生态环境部党组书记、部长李干杰主持召开生态环境部全面深化改革领导小组全体会议，听取全面深化改革工作进展情况和"放管服"改革工作进展情况的汇报，审议《"无废城市"建设试点工作方案》。

会议指出，一段时间以来，生态环境保护领域重点改革工作有序推进，中央环境保护督察不断深入，省以下环保机构垂直管理制度试点顺利完成，区域流域机构试点稳步推进，生态环境监测网络建设进展加速，环境法治建设得到切实加强，环境治理基础制度体系不断健全，环保市场机制进一步完善，各项改革任务取得阶段性成果，改革成效逐步显现。

会议强调，当前我国全面深化改革已进入新阶段，改革的复杂性、敏感性、艰巨性更加突出。要深入学习贯彻习近平总书记有关全面深化改革的重要讲话精神，以习近平生态文明思想为指导，全面贯彻落实全国生态环境保护大会各项部署和要求，认真抓好全面深化改革工作，统筹推进生态环境保护领域各项改革任务，更加注重改革的系统性、整体性、协同性，做实推深改革举措，着力补齐重大制度短板，着力抓好改革任务落实，着力巩固拓展改革成果，着力提升人民群众获得感，推进基础性、关键领域改革取得实质性成果。

要抓紧抓好既定改革任务的谋划和推进。按照党的十九大决策部署的各项改革任务要求，不等不靠，扎实推进。突出抓好已出台改革方案的落实落地。负有改革责任的单位"一把手"要亲自抓改革方案制定、亲自抓部署实施、亲自抓政策配套、亲自抓督察落实，做到全程过问、全程负责、一抓到底，强化责任分解，层层传导压力，务求每一件改革任务取得预期成效。加快建立健全推进改革的长效机制。健全领导机制，完善落实机制，创新工作方法，对地方出现的问题定期调度研判，确保改革深入推进，推动改革成效得到各方认可。

会议指出，按照党中央、国务院部署，近年来生态环境部门在清理规范行政审批事项、减轻各类市场主体负担、拓展激发有效投资空间、创造公平营商条件、创新环境监管方式、推进数据互联共享、为群众办事和生活增加便利方面取得积极进展。

会议认为，当前生态环境部政府职能转变还未完全到位，部分行政审批手续依然繁杂，"放管服"改革工作仍存在提升空间。要统一思想认识，坚决按照党中央、国务院"放管服"改革工作部署，强化责任担当，抓实抓细"放管服"改革工作。要以更实的举措深化"放管服"改革工作。做好"减法"，持续推进简政放权，积极主动为权力"瘦身"，特别是在精简审批环节要简化审批材料。做好"加法"，加快补齐事中事后监管"短板"，加大执法督察力度，加强监管能力建设。做好"乘法"，提升优化服务水平，把企业和群众办事的痛点、堵点、难点作为改进服务的重点，加大信息互联互通，加快信息系统建设，实现数据集中、人员集中、技术集中、资金集中和管理集中，推进网上不见面办事和咨询，切实增强人民群众的获得感。要构建"放管服"改革落实督查机制，以精益求精、壮士断腕的精神，抓好"放管服"改革组织实施，明确时间节点，层层压实责任，确保改革举措落地见效。

会议指出，党中央、国务院高度重视固体废物管理工作。习近平总书记多次作出重要指示批示，提出明确要求。开展"无废城市"建设试点是贯彻落实党的十九大精神和《中共中央　国务院关于全面加强生态环境保护　坚决打好污染防治攻坚战的意见》的具体行动，是在城市层面推进固体废物领域生态文明体制改革、统筹解决经济社会发展与固体废物问题的有力抓手和有益探索，是提升生态文明、建设美丽中国的重要举措。

会议要求，要充分认识开展"无废城市"建设试点工作的重要意义，全面贯彻落实党的十九大和全国生态环境保护大会精神，着力开展试点工作。积极做好与各方的沟通协调，加快制度创新，强化制度执行，抓好试点城市筛选与建设指导，充分调动地方党委和政府的积极性，加快探索符合我国国情的"无废城市"建设的路径和模式。

生态环境部副部长黄润秋，部党组成员、副部长刘华，中央纪委国家监委驻部纪检监察组组长、部党组成员吴海英，部党组成员、副部长庄国泰出席会议。

生态环境部机关各部门主要负责同志参加会议。

发布时间
2018.7.9

中央环境保护督察"回头看"进驻工作结束 受理群众举报 3.8 万件

经党中央、国务院批准，第一批中央环境保护督察"回头看"6个督察组于2018年5月30日至6月7日陆续对河北、内蒙古、黑龙江、江苏、江西、河南、广东、广西、云南、宁夏10省（区）实施督察进驻。截至7月7日，全部完成督察进驻工作。

各督察组坚决贯彻落实党中央、国务院决策部署，在被督察地方党委、政府的大力支持、配合下，顺利完成督察进驻各项任务。进驻期间，督察组共计与140名领导干部进行个别谈话，其中省级领导51人，部门和地市主要领导89人；走访问询省级有关部门和单位101个；调阅资料6.9万余份；对120个地（市、盟）开展下沉督察。

督察组高度重视群众环境诉求，截至7月7日，共收到群众举报45989件，经梳理分析，受理有效举报38165件，合并重复举报后向地方转办37090件。各督察组注重信息公开，针对督察发现的"表面整改""假装整改""敷衍整改"等问题，经梳理后陆续公开50余个典型案例，引起社会强烈反响，发挥了督察震慑、警示和教育作用。

各被督察地方党委、政府高度重视环境保护督察工作，对群众举报问题建

第一批中央环境保护监察"回头看"边督边改情况汇总

省份	收到举报数量（件）			受理举报数量（件）			交办数量（件）	已办结（件）			责令整改（家）	立案处罚（家）	罚款金额（万元）	立案侦查（件）	拘留（人）		约谈（人）	问责（人）
	来电	来信	合计	来电	来信	合计		属实	不属实	合计					行政	刑事		
河北	3218	1877	5095	3131	1589	4720	4720	3370	642	4012	3102	569	3046.24	47	48	29	77	462
内蒙古	2307	1261	3568	1889	656	2545	2545	699	243	942	1672	295	2485.03	78	10	3	219	444
黑龙江	4101	1615	5716	3197	1190	4387	4387	3091	495	3586	2019	177	3209.25	26	5	5	47	142
江苏	3442	1807	5249	2685	1181	3866	3866	3097	244	3341	3392	1401	23996.08	24	8	62	425	307
江西	2113	690	2803	1870	648	2518	2518	2075	307	2382	2216	485	5307.99	45	15	25	72	198
河南	3555	3255	6810	2977	2500	5477	5477	3859	662	4521	2154	271	1482.21	53	28	7	246	1015
广东	2965	3405	6370	2844	3195	6039	5849	3245	451	3696	4364	1298	6492.9	60	22	140	426	466
广西	2965	1989	4954	2630	1800	4430	4430	2379	390	2769	1793	59	455.51	34	13	13	413	268
云南	2411	607	3018	1485	474	1959	1959	1450	172	1622	998	880	2440.8	24	20	8	686	808
宁夏	1995	424	2419	1937	287	2224	1339	1091	114	1205	941	274	2146.31	14	3	0	108	195
合计	29072	16930	46002	24645	13520	38165	37090	24356	3720	28076	22561	5709	51062.32	405	172	292	2819	4305

注：数据截至 2018 年 7 月 7 日。

立机制、即知即改、立行立改；对督察组通报问题举一反三、深入查处、严肃问责。

经过努力，一批群众身边的环境问题得到解决，一批整改不力不实的问题得以再次查处，一批督察整改过程中的形式主义问题得到严肃问责，一批被故意掩盖的问题得以曝光并全面整改。

同时，各地持续通过"一台一报一网"及时公开边督边改情况，积极回应社会关切，通过一批批具体问题的推进解决，人民群众获得感得到明显提升，各地群众关心督察、参与督察、点赞督察一时成为社会热点。

截至7月7日，督察组交办的群众举报生态环境问题，地方已办结28076件。其中，责令整改22561家；立案处罚5709家，罚款51062万元；立案侦查405件，行政和刑事拘留464人；约谈2819人，问责4305人。从各被督察地方报送的情况看，河南省边督边改问责达到1015人，广东省拘留环境违法人员162人，江苏省处罚金额近2.4亿元。

根据督察安排，各督察组已进入督察报告起草和问题案卷梳理阶段，并安排专门人员继续紧盯地方边督边改情况，确保尚未办结的群众举报能够及时查处到位、公开到位、问责到位，确保群众举报件件有落实、事事有回音。

发布时间
2018.7.17

生态环境部通报近期地方查处的5起
环境监测数据弄虚作假案件

自2017年9月中共中央办公厅、国务院办公厅《关于深化环境监测改革提高环境监测数据质量的意见》（厅字〔2017〕35号）印发以来，生态环境部及各地各相关部门认真贯彻落实，加大对环境监测弄虚作假行为的打击力度，取得了积极的成效，现将5起环境监测数据弄虚作假典型案例通报如下：

（一）福建省泉州市南翼污水处理厂自动监测数据造假案

2018年4月19日，福建省南安市人民法院一审判决被告人邱某有期徒刑6个月，并处罚金1万元。2017年3月23日，泉州市南翼污水处理厂中控调阅员邱某进入该厂监控站房查阅数据，擅自将化学需氧量（COD）自动监测设备采用管切断，使用其他液体代替实际水样，伪造、隐瞒COD自动监测数据，造成污染物的偷排，构成了污染环境罪。邱某成为福建省排污单位污染源自动监测数据造假、污染环境被追究刑责的第一人。

（二）湖北省黄冈市湖北雄陶陶瓷有限公司自动监测数据造假案

2017年11月，浠水县人民法院做出判决，湖北雄陶陶瓷有限公司（以下简称雄陶公司）安环部负责人被判处有期徒刑1年，负责该公司污染源自动监控设施运行维护的武汉华特安泰科技有限公司运维人员被判处有期徒刑8个月，同时浠水县环保局将涉案单位录入湖北省企业环境信用评价信息管理系统，对其实施联合惩戒。

2017年5月15日，湖北省环境监察总队通过省级污染源智能监控系统发现黄冈市雄陶公司涉嫌烟气污染源在线监测数据造假，并对其进行了突击检查，查实相关情况后依法移交黄冈市公安局，调查发现雄陶公司与自动监测设施运维公司联手，篡改伪造二氧化硫排放量自动监测数据，长期超标排放。

2017年9月25日，浠水县环保局对雄陶公司在线监测数据弄虚作假违法行为下达《行政处罚决定书》，处罚金额100万元。这是湖北省首起因污染源自动监控数据造假入刑的案件。

（三）天津超越机动车检测服务有限公司造假案

2017年7月25日，天津市环保局执法人员对天津市超越机动车检测服务有限公司（以下简称超越公司）进行检查时发现，超越公司于2017年6月8日、16日和7月5日，分别对3辆机动车进行尾气检测时违反检测规范，擅自篡改机动车额定功率，以致3辆不合格机动车尾气检测合格。2017年9月25日，天津市环保局依据《中华人民共和国大气污染防治法》有关规定，处以罚款30万元，并处没收违法所得175元。

（四）江西省欧兰宝检测技术有限公司造假案

2018年年初，江西省环保厅组织对江西省欧兰宝检测技术有限公司（以下简称欧兰宝公司）检查时，发现该公司于2017年7月18日为寻乌县环卫所出具的检测报告和2017年9月19日为九江德铭实业有限公司出具的检测报告，均属于通过弄虚作假、伪造监测数据等违法方式得出。江西省环保厅将欧兰宝公司和法人代表弄虚作假、伪造监测数据的信息提供给江西省公共信用平台，实施联合惩戒。江西省质量技术监督局于2018年6月13日撤销了欧兰宝公司检验检测机构资质认定书。

（五）甘肃省白银绿创环保科技有限公司有关环评现状监测数据不实案

2018年5月24日，甘肃省环保厅组织相关部门对白银绿创环保科技有限公司（以下简称绿创公司）检查时发现，该公司有关环评存在分析原始记录三级审核签字不全、采样记录和分析原始记录样品编号不一致、监测结果无法核定和溯源等问题。甘肃省环保厅决定该环评现状监测报告在环境管理中不予认可和使用，且自2018年6月4日起6个月内禁止绿创公司参与政府购买环境监测服务或政府委托项目，同时将相关问题抄送甘肃省质监局，实施联合惩戒。

上述案件的查处，释放了生态环境部和各地各相关部门对监测数据弄虚作假行为严惩不贷的强烈信号，表明了各级环保、市场监管等相关部门持之以恒严肃查处的坚决态度。

环境监测数据是客观评价环境质量状况、反映污染治理成效、实施环境管理与决策的基本依据。

生态环境部正在会同有关部门联合制定《防范和惩治领导干部不当干预生态环境监测活动管理办法（试行）》，构建责任体系，细化干预情形，强化责任追究；已与公安部、最高人民检察院建立移送适用行政拘留环境违法案件的机制，对查实的篡改伪造环境监测数据案件，涉嫌犯罪的依法将证据材料移送公共机关处理；与国家市场监督管理总局联合印发了《关于加强生态环境监测机构监督管理工作的通知》等文件，建立联合惩戒和信息共享机制，将环境监测数据弄虚作假行为的监督举报纳入"12369"环境保护举报和"12365"质量技术监督举报受理范围。

生态环境部有关负责人表示，下一步将根据《生态环境监测质量监督检查三年行动计划（2018—2020年）》，对生态环境监测机构、排污单位和环境自动监测运维机构开展数据质量专项检查。检查工作结束后，将对检查出的问题予以通报，对发现的环境监测数据弄虚作假行为"零容忍"，发现一起、查处一起，绝不姑息。

生态环境部常务会议原则通过《柴油货车污染治理攻坚战行动计划》《长江保护修复攻坚战行动计划》《城市空气质量排名方案》

发布时间

2018.7.21

　　生态环境部部长李干杰7月20日主持召开生态环境部常务会议，审议并原则通过《柴油货车污染治理攻坚战行动计划》《长江保护修复攻坚战行动计划》《城市空气质量排名方案》，听取2018年上半年全国空气和地表水环境质量状况的汇报。

　　会议指出，打好柴油货车污染治理攻坚战是党中央确定的打好污染防治攻坚战的七大标志性重大战役之一，对加快降低柴油货车污染物排放总量、打赢蓝天保卫战具有重要意义。要坚持"车、油、路"统筹治理，以京津冀及周边地区、长三角地区、汾渭平原以及中西部等区域为重点，以货物运输结构优化调整为导向，以车用柴油和尿素质量达标保障为支撑，以柴油车（机）达标排放为主线，建立健全最严格的机动车全防全控环境监管体系，大力实施清洁柴油车、清洁柴油机、清洁运输、清洁油品行动，全链条治理柴油车（机）超标排放，降低污染物排放总量，促进城市和区域空气质量明显改善。

　　会议强调，打好长江保护修复攻坚战是贯彻落实习近平总书记关于"把修复长江生态环境摆在压倒性位置，共抓大保护、不搞大开发"重要讲话精神的具体

实践，也是打好污染防治攻坚战的重大战役。要不断提高政治站位，强化使命担当，以改善长江生态环境质量为核心，统筹山水林田湖草系统治理，坚持污染防治和生态保护"两手发力"，推进水污染治理、水生态修复、水资源保护"三水共治"，突出工业、农业、生活、航运污染"四源齐控"，深化和谐长江、健康长江、清洁长江、安全长江、优美长江"五江共建"，大力实施长江生态环境空间管控、排污口综合整治、工业和航运污染防治、水资源优化配置、生态系统管护等重点措施，着力解决突出生态环境问题，确保长江生态功能逐步恢复、生态环境质量持续改善。

会议指出，在党中央的坚强领导下，通过全社会的共同努力，2018年上半年全国空气、地表水环境质量稳步改善。要把"真、准、全"作为环境监测工作的立足点和着力点，继续加强监测数据的质量监督，保证监测数据质量。进一步加大环境质量信息公开力度，定期向社会发布空气、地表水环境质量状况。

会议决定，为加强社会监督，推动地方政府切实采取措施改善环境质量，有效形成城市间空气质量"比、赶、超"的良好氛围，综合考虑大气污染防治重点区域以及其他因素，在对全国74个重点城市空气质量综合排名的基础上，进一步将排名范围扩大到京津冀及周边、长三角、汾渭平原、成渝、长江中游城市群、珠三角等重点区域的地级及以上城市，包括省会城市和计划单列市。定期对以上城市环境空气质量和空气质量变化程度开展排名，并向社会公布排名前20位和后20位的城市名单以及其他相关城市环境空气质量信息，充分发挥"排名"对地方政府改善环境空气质量的"倒逼"作用，为推动全国空气质量改善和大气污染防治工作发挥积极效应。

生态环境部副部长黄润秋、翟青、赵英民、刘华，中央纪委国家监委驻生态环境部纪检监察组组长吴海英，副部长庄国泰出席会议。

部机关各部门主要负责同志参加会议。

发布时间
2018.7.22

生态环境部通报 2018 年 6 月和上半年全国空气质量状况　首次将排名城市范围扩大至 169 个地级及以上城市

生态环境部有关负责人今日向媒体通报了2018年6月和上半年（1—6月）空气质量状况。

负责人介绍，按照国务院《打赢蓝天保卫战三年行动计划》有关要求，生态环境部在原有74个重点城市空气质量排名基础上，将排名城市范围扩大至169个地级及以上城市，包括京津冀及周边地区、长三角地区、汾渭平原、成渝地区、长江中游、珠三角等重点区域以及省会城市和计划单列市。从6月起，每月发布空气质量相对较好的前20个城市和空气质量相对较差的后20个城市名单，每半年发布空气质量改善幅度相对较好和相对较差的20个城市名单。

2018年6月，全国338个地级及以上城市平均优良天数比例为72.8%，同比下降5.7个百分点；$PM_{2.5}$浓度为26微克/立方米，同比下降10.3%；PM_{10}浓度为53微克/立方米，同比下降5.4%；O_3浓度为175微克/立方米，同比上升10.1%；SO_2浓度为11微克/立方米，同比下降8.3%；NO_2浓度为22微克/立方米，同比下降8.3%；CO浓度为1.0毫克/立方米，同比下降9.1%。

1—6月，平均优良天数比例为77.2%，同比上升1.2个百分点；$PM_{2.5}$浓度为

44微克/立方米，同比下降8.3%；PM₁₀浓度为79微克/立方米，同比下降3.7%。O₃浓度为156微克/立方米，同比上升2.6%；SO₂浓度为16微克/立方米，同比下降23.8%；NO₂浓度为30微克/立方米，同比下降6.2%；CO浓度为1.6毫克/立方米，同比下降11.1%。

2018年6月，169个城市中唐山、晋城、太原等20个城市空气质量相对较差（从第169名到第150名）；海口、黄山、珠海等20个城市空气质量相对较好（从第1名到第20名，表1）。

表1　2018年6月169个城市空气质量排名前20位和后20位城市名单

前 20 位		后 20 位	
排名	城市	排名	城市
1	海口市	169	唐山市
2	黄山市	168	晋城市
3	珠海市	167	太原市
4	丽水市	166	邢台市
5	深圳市	165	邯郸市
6	舟山市	164	石家庄市
7	雅安市	163	安阳市
8	厦门市	162	晋中市
9	惠州市	161	临汾市
10	拉萨市	160	吕梁市
11	中山市	159	滨州市
12	贵阳市	158	保定市
13	台州市	157	阳泉市
14	福州市	156	淄博市
15	昆明市	155	菏泽市
16	内江市	154	新乡市
17	南宁市	153	焦作市
18	资阳市	152	北京市
19	益阳市	151	莱芜市
20	江门市	150	郑州市

2018年1—6月，169个城市中临汾、石家庄、邢台等20个城市空气质量相对较差；海口、黄山、拉萨等20个城市空气质量相对较好（表2）。

表2　2018年1—6月169个城市空气质量排名前20位和后20位城市名单

前 20 位		后 20 位	
排名	城市	排名	城市
1	海口市	169	临汾市
2	黄山市	168	石家庄市
3	拉萨市	167	邢台市
4	舟山市	166	咸阳市
5	深圳市	165	晋城市
6	厦门市	164	唐山市
7	丽水市	163	邯郸市
8	珠海市	162	安阳市
9	惠州市	161	太原市
10	福州市	160	运城市
11	中山市	159	西安市
12	贵阳市	158	保定市
13	台州市	157	阳泉市
14	咸宁市	156	渭南市
15	昆明市	155	焦作市
16	衢州市	154	晋中市
17	大连市	153	新乡市
18	益阳市	152	鹤壁市
19	南宁市	151	郑州市
20	江门市	150	淄博市

与2017年同期相比，2018年上半年169个城市中，衡水、保定、银川等20个城市空气质量改善幅度相对较好（从第1名到第20名）；常州、西宁、嘉兴等20个城市空气质量改善幅度相对较差（从第169名到第151名，表3）。

表3　2018年1—6月169个城市空气质量改善幅度相对较好的
20位和较差的20位城市名单

较好 20 位		较差 20 位	
排名	城市	排名	城市
1	衡水市	169	常州市
2	保定市	168	西宁市
3	银川市	167	嘉兴市
4	廊坊市	166	信阳市
5	阜阳市	165	铜川市
6	邯郸市	164	宜宾市
7	长春市	163	苏州市
8	德州市	162	上海市
9	安阳市	161	荆门市
10	乌鲁木齐市	160	兰州市
11	天津市	159	达州市
12	聊城市	158	广州市
13	焦作市	157	广安市
14	孝感市	156	南充市
15	石家庄市	155	芜湖市
16	郑州市	154	马鞍山市
17	长治市	153	淮安市
18	邢台市	152	连云港市
19	淄博市	151	绵阳市
20	洛阳市	150	盐城市

京津冀及周边地区"2+26"城市6月平均优良天数比例为16.7%，同比下降10.8个百分点；$PM_{2.5}$浓度为42微克/立方米，同比下降16.0%。1—6月，平均优良天数比例为44.9%，同比上升0.6个百分点；$PM_{2.5}$浓度为66微克/立方米，同比下降14.3%。

北京市6月优良天数比例为36.7%，同比持平；$PM_{2.5}$浓度为48微克/立方米，同比上升14.3%。1—6月，平均优良天数比例为55.9%，同比上升0.9个百分点；

PM$_{2.5}$浓度为56微克/立方米，同比下降15.2%。

长三角地区41个城市6月平均优良天数比例为58.4%，同比下降6.8个百分点；PM$_{2.5}$浓度为33微克/立方米，同比下降10.8%。1—6月，平均优良天数比例为69.2%，同比上升3.7个百分点；PM$_{2.5}$浓度为51微克/立方米，同比下降5.6%。

汾渭平原11个城市6月平均优良天数比例为36.8%，同比下降2.0个百分点；PM$_{2.5}$浓度为36微克/立方米，同比下降12.2%。1—6月，平均优良天数比例为48.3%，同比下降1.2个百分点；PM$_{2.5}$浓度为67微克/立方米，同比下降8.2%。

发布时间
2018.7.25

生态环境部通报 2018 年上半年环境行政处罚案件与《环境保护法》配套办法执行情况

生态环境部于7月25日向媒体通报各地2018年上半年环境行政处罚案件与《环境保护法》配套办法的执行情况（表1、表2），并对相关省、市、县进行表扬。

1—6月，全国环境行政处罚案件共下达处罚决定书72192份，罚没款金额为585030.78万元。环境行政处罚力度较大的省份有江苏、广东、河北、山东4省。

1—6月，行政处罚案件数量排名前10位的地市为石家庄市、广州市、深圳市、苏州市、潍坊市、邯郸市、东莞市、佛山市、成都市、临沂市；1—6月行政处罚金额排名前10位的地市为深圳市、苏州市、昆明市、徐州市、无锡市、广州市、南通市、呼和浩特市、佛山市、泰州市。

1—6月，行政处罚案件数量排名前10位的县（区）为潍坊寿光市、广州市白云区、佛山市顺德区、烟台莱州市、石家庄晋州市、深圳市宝安区、石家庄市藁城区、苏州市吴江区、邯郸市永年区、淄博市张店区；1—6月行政处罚金额排名前10位的县（区）为昆明市官渡区、深圳市宝安区、呼和浩特市新城区、上海市奉贤区、佛山市顺德区、上海市宝山区、上海市崇明区、北京丰台区、昆明市晋宁区、哈尔滨市宾县。

表1 2018年1—6月《环境保护法》配套办法执行情况区域分布

省份	处罚类型						五类案件总数	2017 年同比情况
	按日连续处罚		查封、扣押	限产、停产	移送拘留	涉嫌污染犯罪移送公安机关		
	案件数	金额/万元						
北京	2	970.00	230	2	31	8	273	-2.5%
天津	2	338.00	87	12	28	28	157	31.9%
河北	87	21055.00	226	156	352	84	905	217.5%
山西	13	660.60	240	359	79	19	710	-27.2%
内蒙古	25	3256.43	191	56	113	16	401	73.6%
辽宁	10	2873.87	133	53	35	54	285	-26.2%
吉林	16	4196.00	167	60	41	2	286	-28.5%
黑龙江	21	6138.73	177	97	40	13	348	93.3%
上海	4	1618.00	58	1	8	22	93	-50.8%
江苏	34	8721.57	1541	548	268	263	2654	127.0%
浙江	31	932.78	863	88	230	142	1354	-10.4%
安徽	1	190.00	1059	257	120	37	1474	-26.4%
福建	4	6.65	1005	65	180	48	1302	1.3%
江西	4	617.66	214	180	128	35	561	52.9%
山东	21	3349.28	66	28	285	81	481	-62.5%
河南	16	747.03	413	96	474	64	1063	24.9%
湖北	3	76.56	252	147	93	25	520	42.5%
湖南	5	518.66	165	121	225	38	554	-33.8%
广东	47	1040.16	1076	201	299	256	1879	34.7%
广西	8	844.25	387	205	52	31	683	367.8%
海南	2	78.22	39	3	26	0	70	增加 70 件
重庆	0	0.00	138	106	121	50	415	519.4%
四川	20	6124.04	206	296	159	21	702	4.5%
贵州	0	0.00	45	44	61	10	160	-36.3%
云南	1	7.30	92	72	55	8	228	57.2%
西藏	0	0.00	0	0	0	0	0	0
陕西	29	246.14	892	194	131	16	1262	34.5%
甘肃	5	1906.01	148	87	41	10	291	-40.5%
青海	0	0.00	8	3	6	0	17	-58.5%
宁夏	6	3104.00	46	46	13	0	111	136.2%
新疆	3	321.88	47	4	4	2	60	-73%
兵团	0	0.00	1	2	1	0	4	-90.0%
总计	420	70038.82	10212	3589	3699	1383	19303	12.4%

表2 2018年1—6月一般行政处罚案件数量及罚款额

序号	地区	下达处罚决定书数	罚没款数额（万元）
1	北京	1205	8412
2	天津	2145	8009
3	河北	8221	57498.49
4	山西	2211	22311.4
5	内蒙古	1953	24409.03
6	辽宁	832	11007.09
7	吉林	850	9097.83
8	黑龙江	578	12461.7
9	上海	1214	22639.93
10	江苏	7860	79693.9
11	浙江	3705	30194.64
12	安徽	1696	9692.07
13	福建	1453	9105.55
14	江西	869	8264.6
15	山东	8597	43909.22
16	河南	4228	17532.42
17	湖北	1525	12333.89
18	湖南	1754	12998.52
19	广东	8274	57982.58
20	广西	1173	14603.72
21	海南	368	9730
22	重庆	2679	15536.59
23	四川	3419	31124.16
24	贵州	688	9616.09
25	云南	900	17515.1
26	西藏	0	0
27	陕西	1766	9215.68
28	甘肃	630	6833.73
29	青海	128	1093.06
30	宁夏	454	4658.96
31	新疆	760	6571.81
32	兵团	67	977.6
33	总计	72192	585030.78

全国实施5类案件总数为19303件，比2017年同期（17169件）增长12.4%。按日连续处罚案件420件，比2017年同期（503件）减少16.5%，罚款金额达70038.82万元，比2017年同期（61060.43万元）增长14.7%；查封、扣押案件10212件，比2017年同期（7553件）增长35.2%；限产、停产案件3589件，比2017年同期（3880件）减少7.5%；移送行政拘留3699起，比2017年同期（3939起）减少6.1%；移送涉嫌环境污染犯罪案件1383件，比2017年同期（1294件）增长6.9%。

配套办法案件数量较多的是江苏、广东、安徽、浙江、福建、陕西、河南7省，案件数量上升明显的是重庆、广西、河北、宁夏、海南5省（区、市）。

1—6月，配套办法案件数量排名前10位的地市为徐州市、台州市、广州市、无锡市、吕梁市、苏州市、泰州市、泉州市、西安市、深圳市。

截至6月底，全国所有地市均有适用《环境保护法》配套办法查处的案件。

1—6月，配套办法案件数量排名前10位的县（区）为广州白云区、吕梁市交城县、深圳市龙华新区、西安市鄠邑区、徐州市新沂市、常州市武进区、合肥市庐阳区、福建晋江市、徐州市丰县、阜阳市临泉县。

截至6月底，全国共有484个县（区）没有适用《环境保护法》配套办法案件。

发布时间

2018.7.25

生态环境部通报2018年上半年全国地表水环境质量状况

生态环境部于7月25日向媒体通报2018年上半年（1—6月）全国地表水环境质量状况。

通报指出，2018年上半年，2050个国家考核断面（1940个为国家地表水评价断面，110个为入海河流断面）全部采用采测分离模式开展监测，其中，1940个国家地表水评价断面中实际开展监测的断面1925个，其余15个断面因断流、交通阻断等原因未开展监测。

总体水质状况：2018年上半年，1940个国家地表水评价断面中，水质优良（Ⅰ～Ⅲ类）断面比例为70.0%，劣Ⅴ类断面比例为6.9%（图1）；主要污染指标为化学需氧量、总磷和氨氮。

各流域水质状况：2018年上半年，长江、黄河、珠江、松花江、淮河、海河、辽河、西北诸河、西南诸河和浙闽片十大流域Ⅰ～Ⅲ类水质断面占73.3%，劣Ⅴ类占7.2%，主要污染指标为化学需氧量、氨氮和总磷（图2）；辽河、黄河、海河和松花江流域氨氮平均浓度劣于Ⅲ类水质标准（图3），辽河流域总磷平均浓度劣于Ⅲ类水质标准（图4），海河流域化学需氧量平均浓度劣于Ⅲ类水质标准（图5）。

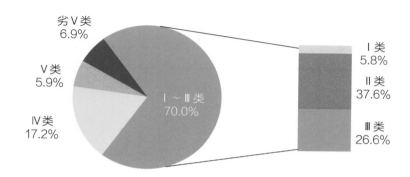

图1　2018年上半年全国地表水水质类别比例

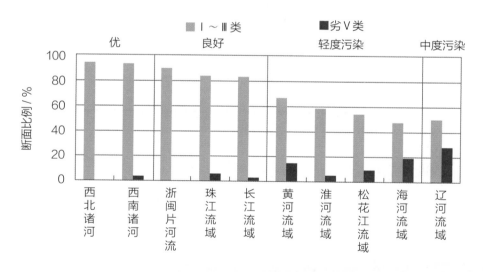

图2　2018年上半年十大流域水质类别比例

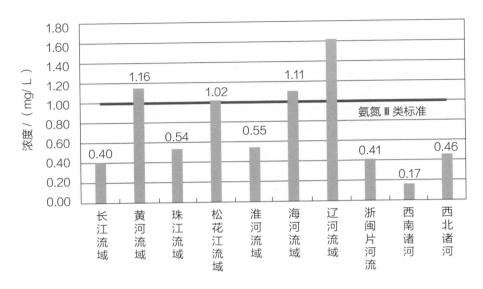

图3 2018年上半年十大流域氨氮平均浓度

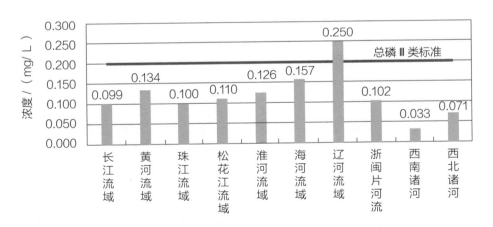

图4 2018年上半年十大流域总磷平均浓度

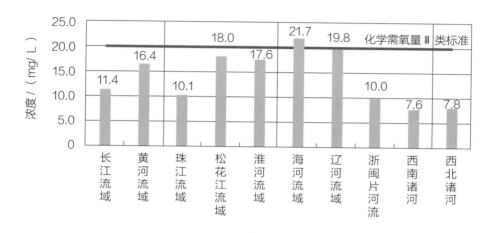

图5 2018年上半年十大流域化学需氧量平均浓度

十大流域中，西北诸河和西南诸河水质为优，浙闽片河流、珠江流域和长江流域水质良好，黄河、淮河、海河和松花江流域为轻度污染，辽河流域为中度污染。

重要湖（库）水质状况：2018年上半年，监测的111个重点湖（库）中，Ⅰ～Ⅲ类水质占65.8%，劣Ⅴ类水质占7.2%；影响湖（库）水质的主要污染指标为总磷、化学需氧量、高锰酸盐指数。

各地进一步对重点湖（库）富营养化状况进行监测，结果表明：6个湖（库）呈中度富营养化状态，占5.6%；23个湖（库）呈轻度富营养状态，占21.5%；其余湖（库）未呈现富营养化。其中，太湖为轻度污染、轻度富营养，主要污染指标为总磷；巢湖为轻度污染、轻度富营养，主要污染指标为总磷；滇池为轻度污染、轻度富营养，主要污染指标为总磷和化学需氧量。洱海水质良好、中营养；丹江口水库水质优、中营养；白洋淀为轻度污染、轻度富营养，主要污染指标为总磷、化学需氧量和高锰酸盐指数。

发布时间
2018.7.31

生态环境部启动消耗臭氧层物质执法专项行动

2018年7月28日，生态环境部在京组织召开消耗臭氧层物质执法专项行动启动及培训会，部署消耗臭氧层物质执法专项行动，并对重点行业执法检查要点进行培训。全国31个省、自治区、直辖市及新疆生产建设兵团省级环保部门执法及监测工作负责人参加会议。

据介绍，此次消耗臭氧层物质执法专项行动将对全国重点行业企业组织全面排查。采取地方自查与部级巡查相结合的方式，在地方自行排查的基础上，生态环境部将抽调全国环境执法人员开展交叉检查，核查各地自查及问题整改情况。对重点问题跟踪督办，发现一起，严查一起。

对检查中发现含有ODS物质的原料，生态环境部将追踪原料来源线索，进行综合梳理，锁定ODS物质非法生产企业。对涉及跨省的问题线索，将统一协调移交相关省份联合查办。对涉嫌生产、销售ODS物质的企业（个人），将进行严肃查处。

本月盘点

微博：本月发稿407条，阅读量33133390；

微信：本月发稿330条，阅读量2488244。

8 月

- 生态环境部启动"千里眼计划"全面开展热点网格监管工作
- 生态环境部召开全国生态环保系统深化"放管服"改革转变政府职能视频会

2018

发布时间
2018.8.1

生态环境部召开全国生态环保系统"以案为鉴，营造良好政治生态"专项治理工作动员部署视频会议

　　7月31日，生态环境部召开全国生态环保系统"以案为鉴，营造良好政治生态"专项治理工作动员部署视频会议，生态环境部党组书记、部长李干杰在会上做动员讲话，中央纪委国家监委驻生态环境部纪检监察组组长、部党组成员吴海英对专项治理工作提出明确要求。李干杰强调，要以习近平新时代中国特色社会主义思想为指导，深入贯彻落实党的十九大、十九届中央纪委二次全会精神，深刻汲取孟伟严重违纪案件教训，扎实开展专项治理工作，推进生态环保系统全面从严治党向纵深发展，营造风清气正的良好政治生态，以政治清明促生态文明。

　　李干杰说，孟伟曾担任中国环境科学研究院院长，还担任国家水专项技术总师和十二届全国人大环资委副主任委员职务，是中国工程院院士、十二届全国人大代表，其担任的职务多、担负的职责重，拥有较大的决策权、话语权和建议权，各种头衔和光环照耀下的社会影响也很大，其违纪时间之长、影响之广、危害之深都不可小觑。严肃查处孟伟严重违纪问题，体现了中央纪委国家监委对生态环保系统坚持全面从严治党、建设风清气正干部队伍的高度重视和有力指导，彰显了生态环境部党组和驻部纪检监察组落实全面从严治党两个责任、以政治清明促进生态文明的坚定决心，释放了坚持反腐败无禁区、全覆盖、零容忍和有腐必反、有贪必肃的强烈信号。

李干杰指出，为充分发挥案件的警示教育和治本作用，生态环境部党组和驻部纪检监察组决定在全国生态环保系统组织开展专项治理工作。这是落实全面从严治党要求、加强党的政治建设的重要举措，推动各级党组织把管党治党的螺丝拧得更紧，坚持抓早、抓细、抓小，不折不扣把全面从严治党各项要求落到实处；是营造良好政治生态的重要举措，及时驱散影响生态环保系统政治生态的"政治雾霾"，为各级党组织接种抵抗不良风气侵蚀的"疫苗"，通过构建风清气正的政治生态，促进恢复山清水秀的自然生态；是打造生态环保铁军的重要举措，号召广大干部职工以案为鉴，勠力打造一支政治强、本领高、作风硬、敢担当、特别能吃苦、特别能战斗、特别能奉献的生态环保铁军，坚决打好污染防治攻坚战，为保护生态环境作出我们这代人的贡献。

李干杰强调，全国生态环保系统要把开展专项治理作为一项重要政治任务，主动担当、积极作为，层层传导压力，形成上下联动、齐抓共管的良好局面，坚决完成专项治理各项任务。

一要加强组织领导，以严格的组织生活带动整改落实。各部门各单位党组织主要负责同志要切实履行第一责任人职责，积极动员部署，发扬钉钉子精神，不回避问题，不躲避矛盾，确保专项治理工作抓紧抓严抓出成效。要召开专题组织生活会，全体党员干部深刻汲取孟伟严重违纪案件教训，把自己摆进去，把职责摆进去，把工作摆进去，对照党章，认真开展对照检查，查找自身存在的问题，开展批评和自我批评，明确整改事项和具体措施。

二要狠抓思想教育，以浓厚的学习氛围涵养政治生态。认真学习贯彻习近平生态文明思想和全国生态环境保护大会精神，推动习近平生态文明思想融入于

心、融入于脑、融入于行。认真组织开展"不忘初心、牢记使命"主题教育，抓好"不忘初心，重温入党志愿书"主题党日活动，教育引导党员干部悟初心、守初心、践初心。学习生态环保系统先进人物事迹，提升党员干部队伍的"精气神"。认真传达学习孟伟严重违纪案件通报及警示材料，深入开展警示教育，让党员干部知敬畏、存戒惧、守底线。围绕孟伟严重违纪案件开展大讨论，增强广大干部职工遵规守纪的思想自觉和行动自觉。加强全面从严治党宣传工作，弘扬优秀传统文化，传承优良家风，着力培育生态环保系统纪律严明、令行禁止的廉政文化。

三要树立正确导向，以坚强的组织建设夯实基础保障。认真学习贯彻习近平总书记在全国组织工作会议上的重要讲话精神，贯彻新时代党的组织路线，坚持把政治标准摆在首位，认真落实"好干部"标准，严格落实党管干部原则和干部人事管理制度，全面强化干部培育、选拔、管理、使用工作。加强对基层党建工作的领导，以提升组织力为重点，突出政治功能，着力解决一些基层党组织管党治党宽松软、软弱涣散、战斗堡垒作用不强等突出问题。优化党务纪检组织结构，配齐配强专兼职党务纪检干部。狠抓党的组织生活制度落实，认真执行"三会一课"、民主生活会、组织生活会、谈心谈话、民主评议党员制度。

四要履行监管职责，以有力的制度建设健全长效机制。认真梳理现有制度机制，采取有效措施，形成落实监管责任闭环系统。坚持问题导向，认真研究科研工作规律，集中力量制定完善项目管理、财政资金管理等方面的规章制度。推动相关部门对资金集中的重大项目、重点工作进行跟踪审计，坚持日常审计监督和专项审计监督相结合，完善审计约谈机制。及时将专项治理工作中的好经验好做法转化为制度机制，形成用制度管权、按制度管事、靠制度管人的良好局面。

李干杰指出，生态环境保护是一项业务性很强的政治工作，关系党和国家事业发展全局。当前，我国生态环境保护正处于关键期、攻坚期和窗口期，机遇与挑战并存。"打铁还需自身硬。"全国生态环保系统要以专项治理工作为契机，推动全面从严治党向纵深发展，为全面加强生态环境保护，打好污染防治攻坚战这场大仗、硬仗、苦仗提供坚强政治、纪律和作风保障。

一要提高政治站位，加强政治建设。深入学习贯彻习近平新时代中国特色社会主义思想，树牢"四个意识"，坚定"四个自信"，坚决做到"两个维护"，严格遵守政治纪律和政治规矩，在政治立场、政治方向、政治原则、政治道路上同以习近平同志为核心的党中央保持高度一致。严肃党内政治生活，勇于开展批评和自我批评，切实增强党内政治生活的政治性、时代性、原则性、战斗性。不断提高政治能力和政治担当，练就善于从政治上分析问题、解决问题的政治慧眼，坚持"一岗双责"的党建责任体系。融入业务工作抓党的政治建设，找准党的政治建设与业务工作的结合点，做到同部署同落实，使两者相互融合、相互促进。

二要砥砺党性修养，厚植家国情怀。把加强党性修养当作人生志向、责任担当和精神支柱，不忘初心和使命，不断厚植家国情怀、民族情怀、为民情怀、事业情怀，将个人发展与党和国家的事业紧密联系起来，把忠诚于党和国家的朴素感情转化为积极推动生态环保事业发展的具体行动。继续发扬中华民族百折不挠的伟大精神，咬定青山不放松，以坚韧不拔的毅力、奋发有为的锐气，一茬接着一茬干，一仗接着一仗打，加快补齐全面建成小康社会的生态环境短板。

三要坚决落细落实落小，狠抓作风养成。紧扣民心这个最大的政治，以踏石留印、抓铁有痕的劲头狠抓作风建设，推动党风政风持续好转。狠抓中央八项规定及其实施细则精神落实，重点查找在文风、会风、服务基层等方面存在的不足，对症下药，拿出过硬措施，着力形成"严、真、细、实、快"的工作作风。

紧扣打好污染防治攻坚战，开展深入细致的调查研究，摸清真实情况，获取一手资料，找到破解难题的方法途径，形成务实管用的具体举措，确保中央决策部署落地生根。

四要严明党章党纪党规，增强行动自觉。切实加强政治纪律和政治规矩学习教育，引导党员干部严格遵守党章、贯彻党章、维护党章，坚决防止"七个有之"，切实做到"五个必须"。各级纪检组织要精准运用监督执纪"四种形态"，加强日常监督，抓早抓小，防微杜渐。要坚持无禁区、全覆盖、零容忍，坚持重遏制、强高压、长震慑，深化标本兼治，强化不敢腐的震慑，扎牢不能腐的笼子，增强不想腐的自觉，通过不懈努力换来生态环保领域的海晏河清、朗朗乾坤。

吴海英表示，习近平总书记指出，营造良好政治生态是一项长期任务，必须作为党的政治建设的基础性、经常性工作，浚其源、涵其林，养正气、固根本，锲而不舍、久久为功。中央纪委国家监委对孟伟严重违纪案件高度重视，明确要求要准确把握专项治理的政治方向，提升有效性和针对性，切实做好执纪审查"后半篇文章"，提高监督效能；要认真总结专项治理中的典型经验和成功做法，形成可复制、可推广的专项治理经验成果。

吴海英指出，生态环保系统是打好污染防治攻坚战的主阵地和主力军，承担的是重要政治任务，习近平总书记对生态环保系统的政治建设高度重视，对生态环保铁军的第一条要求就是"政治硬"。全系统部署专项治理工作，既是落实习近平总书记要求、加强政治建设的实际行动，也是建设生态环保系统良好政治生态的具体举措。

吴海英强调，部党组和部领导班子要充分发挥领导和带动作用，把专项治理工作放在加强党的领导、落实"两个维护"、坚持政治与业务有机统一上来考量和部署。党的基层组织是确保党的路线方针政策和决策部署贯彻落实的基础，也是开展专项治理工作的关键，基层党组织要在组织落实、维护纪律上下功夫，打通"最后一公里"。各级领导干部要自觉担当领导责任和示范责任，争做生态环保铁军的标杆，争做严肃党内政治生活的模范，以上率下，发挥好"头雁效应"。

吴海英强调，纪检监察机关在维护习近平总书记核心地位、维护党中央权威和集中统一领导上，担负着特殊历史使命和重大政治责任。驻部纪检监察组要按照中央纪委国家监委的要求，对专项治理进行全程监督，并做好线索处置等工作。

在会议上，驻部纪检监察组负责同志通报了孟伟严重违纪案件的有关情况，中国环境科学研究院主要负责同志做了"以案为鉴，重塑良好政治生态"专项教育整改阶段性情况汇报发言。

会议以视频会形式在生态环境部设立主会场，在派出机构、直属单位、省级环保部门以及有视频条件的地市、区县级环保部门设分会场。

会议由生态环境部党组成员、副部长、直属机关党委书记翟青主持，生态环境部副部长黄润秋，部党组成员、副部长赵英民、刘华、庄国泰出席会议。

生态环境部机关全体干部在主会场参加会议。各派出机构、直属单位干部，各省级环保部门处级及以上领导干部、地市级和区县级环保部门领导班子成员在分会场参加会议。

发布时间	生态环境部通报《水十条》相关任务
2018.8.8	落实情况

　　《水十条》要求，2017年年底前，工业集聚区应按规定建成污水集中处理设施，并安装自动在线监控装置，京津冀、长三角、珠三角等区域提前一年完成；逾期未完成的，一律暂停审批和核准其增加水污染物排放的建设项目，并依照有关规定撤销其园区资格。

　　为推动全面落实《水十条》上述要求，2016年以来，原环境保护部会同相关部委通过发文部署、培训解读、定期调度、挂图作战、现场督导等多种方式推动工作，并多次向各省（区、市）通报、向社会公示各地上报的省级及以上工业园区清单及《水十条》任务完成情况，反复督促各地深入摸底排查，核准工业园区各有关数据，确保报送信息的真实性。尽管如此，仍有个别地方工业园区主管部门和园区管理机构重视不够，工作不实。根据举报并向地方核实，广东省共漏报省级及以上工业园区46家，其中有10家截至2018年6月底仍未完成《水十条》规定任务，包括2家应于2016年完成任务、属珠三角区域的工业园区。此外，黑龙江省漏报2家、陕西省漏报1家省级及以上工业园区，据地方报告，这3家园区已完成《水十条》规定任务。

　　下一步，生态环境部将继续会同相关部委加大对工业园区水污染治理任务完成情况的抽查核实力度，对各类漏报瞒报等弄虚作假行为严肃追责。各地要举一反三，狠抓工业园区污染治理，查找问题，明确任务，压实责任，整改提升。

生态环境部部长调研 2018—2019 年打赢蓝天保卫战重点区域强化督查工作并看望慰问一线工作人员

发布时间
2018.8.10

2018年8月8日至10日，生态环境部部长李干杰带队赴天津、河北、山东等地调研，检查指导2018—2019年打赢蓝天保卫战重点区域强化督查工作，并看望慰问一线工作人员。

李干杰一行先后深入天津市北辰区、静海区，河北省唐山市、沧州市，山东省德州市等地工厂企业，与督查组一道检查设备提标改造、环保设施运行和交办问题整改落实情况，并与企业负责人进行面对面交流。在河北沧州泊头市一家铸造企业，企业负责人介绍说，经超低排放改造后，企业赢得了更多的优质客户、更好的生产环境和更稳定的产品设备。李干杰指出，加强生态环境保护有利于企业持续健康发展，技术

工艺先进、环保设施完善的企业在优胜劣汰中会实现更好发展。在唐山市丰南区丰南镇，李干杰实地察看了解了空气质量监测"小微站"和"热点网格"运行情况，强调科技手段为精细化管理提供了重要支撑，也大幅提高了督查人员的工作效率。

调研期间，李干杰代表部党组和部领导班子向坚守在督查一线工作人员以及生态环境战线广大干部职工表示慰问，每到一处都与督查人员亲切交流，"你是哪里人？""这是第几次参加督查？""督查发现了哪些问题？""生活上有什么困难？"一声声问候让大家倍感温暖。当得知大家都将参与强化督查看作锻炼自己的难得契机时，李干杰感到非常欣慰。他说，打造一支生态环境保护铁军是党中央的殷殷期盼，也是人民群众的迫切要求。大家顶烈日冒酷暑，默默无闻、无私奉献，生动展示了生态环境保护铁军的精神风貌，为打赢蓝天保卫战做出了贡献。

此外，李干杰还专程前往山东德州市人民医院看望慰问因突发疾病住院的督查人员代宇希（吉林省辽源市环境监察支队科员）。他详细询问病情和治疗情况，感谢她舍小家顾大家，毫无怨言坚守在督查一线，鼓励她保持良好心态，安心养病，早日康复，同时希望广大一线督查人员保重身体、劳逸结合、干劲不松、热情不减，秉持不辞辛苦、无怨无悔的优秀品质和崇高精神，发扬"严、真、细、实、快"工作作风，继续做好强化督查工作。

调研期间，李干杰对2018—2019年打赢蓝天保卫战重点区域强化督查工作提出具体要求。他指出，打好污染防治攻坚战是当前生态环境部门的一项重大政治任务，重中之重是打赢蓝天保卫战，要加快落实国务院印发的《打赢蓝天保卫战三年行动计划》，推动大气环境质量明显改善。

一是要进一步提高政治站位，树牢"四个意识"，坚持以人民为中心的发展思想，厚植家国情怀、民族情怀、为民情怀和事业情怀，锤炼敢于啃硬骨头、善于打硬仗的工作作风，以钉钉子精神，推动攻坚战决策部署落地生根，见到实效。

二是要按照扭住"四个重点"、优化"四个结构"、强化"四项支撑"、实现"四个明显"要求，始终做到"六个坚持"，即坚持稳中求进、坚持统筹兼顾、坚持综合施策、坚持两手发力、坚持突出重点、坚持求真务实。打赢蓝天保卫战，既是一场攻坚战，也是一场持久战，既要做好以往交办问题的"回头看"，确保"老问题"全部得到解决，也要全面排查新的涉气环境问题，交办地方政府限期解决，持续巩固京津冀及周边地区大气污染防治成效。

三是要以解决人民群众反映强烈的突出问题为重点，持续加大督查力度，不断改进工作方式。针对群众举报多、查实问题多的地区，进一步加强工作统筹，增加督查力量，实现深度覆盖。及时向社会公开问题整改情况清单，保障群众知情权、参与权、监督权。各轮次督查工作组要相互配合、相互支撑，形成强大的工作合力，探索形成一套高效、顺畅的工作机制，最大限度地发挥强化督查改善生态环境质量、推进供给侧结构性改革以及增强人民群众获得感和幸福感的多重作用。

据悉，2018—2019年打赢蓝天保卫战重点区域强化督查自2018年6月11日拉开序幕，目前已进行到第5轮次。截至8月6日，共检查企业（点位）14.06万个，发现问题8093个。

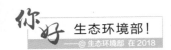

发布时间 2018.8.13

生态环境部责成陕西省环保厅调查处理商洛市暴力阻挠执法事件

近日，陕西省商洛市商州区环保局环境执法工作人员在夜查建筑工地扬尘及夜间施工噪声等问题时，被多名施工方人员围困攻击，阻挠正常执法活动，打伤执法人员。

生态环境部高度重视，已责成陕西省环保厅派工作组现场进一步调查暴力阻挠执法事件，并要求在查清事实的基础上，对拒绝、阻碍执法人员依法执行公务的违法行为严肃处理，对打人者及相关单位予以严惩，对涉嫌犯罪的要依法追究刑事责任，并将相关情况及时公开。陕西省相关部门已介入调查，公安机关已经对打人者实施拘留。

发布时间
2018.8.15

生态环境部挂牌督办 26 家排污量大、严重超标、屡查屡犯的重点排污单位

近日，生态环境部公开挂牌督办天津创业环保股份有限公司咸阳路污水处理厂、北控（大石桥）水务发展有限公司等26家主要污染物排放严重超标的重点排污单位。

生态环境部明确了上述每家单位的督办要求和整改期限，要求所在地的省级生态环境主管部门督促相关地方人民政府和单位落实督办要求，做到查处到位、整改到位、责任追究到位，并及时公开查处情况和整改情况。对督办事项拒不办理、办理不力或在解除督办过程中弄虚作假的，将依法依规启动追责问责程序。

生态环境部强调，达标排放污染物是企业事业单位环境守法底线，各地应当督促企业事业单位落实生态环境保护主体责任，稳定达标排放污染物。对超标排污违法行为，应当依法严查重处，并综合运用惩治手段，提高环境违法成本。

生态环境部！
——@生态环境部 在2018

发布时间

2018.8.15

中国环境监测总站约谈河北先河环保科技股份有限公司主要负责人

2018年8月15日，中国环境监测总站就临汾环境监测数据造假案件对河北先河环保科技股份有限公司（以下简称先河公司）主要负责人进行了约谈。

约谈指出，环境监测是生态环境保护的基础工作，是客观评价环境质量状况、反映污染治理成效、实施环境管理与决策的基本依据。临汾环境监测数据造假案件触犯法律"红线"，性质严重、影响恶劣，损害了生态环境保护事业和环境监测的公平公正。该案件涉及人员多，内外勾结、组织严密、手法隐秘，在2017年4月至2018年3月，对临汾市6个国家环境空气质量自动监测站的环境空气质量监测多次实施人为干扰。先河公司作为临汾市国家环境空气质量自动监测站的运维单位，未能切实履行运维职责，内部管理混乱，疏于对各层级运维人员的教育监督，在该案件中负有重要责任。

一是违反规定，对干扰监测的弄虚作假行为知情不报。根据《国家环境空气质量监测网城市站运行管理实施细则》等相关要求，运维单位有责任及时向中国环境监测总站报送监测异常情况。先河公司违反该规定，发现临汾市国家环境空气质量自动监测站受到人为干扰的情况未及时向中国环境监测总站报告。

二是监管失职，运维人员参与弄虚作假。先河公司对运维人员教育管理不到

— 154 —

位，涉案人员崔某和张某为先河公司员工，在该案件中通风报信、参与数据作假，分别被判处有期徒刑8个月和6个月，先河公司未尽到监管责任。

三是对运维国控站点的重要性认识不到位。运维公司承担国家委托的国控站点的运维任务，责任重大，但未能构建完善的内部管理制度和责任体系，未能严格履行相关法律法规和规章制度。

先河公司上述行为已构成严重违约，中国环境监测总站依据《国家环境空气监测网城市环境空气自动监测站运行维护项目委托合同》追究其违约责任，从2018年8月起，终止先河公司山西省25个国家环境空气质量自动监测站的委托运维服务，不予退还履约保证金。

约谈要求，先河公司应就临汾案件中暴露出的运维管理问题进行深刻检讨和反思，以案为鉴，加强警示，举一反三，深入查找问题，系统梳理运维管理漏洞，严肃处理相关责任人员，全面整改落实，确保监测数据真实、准确。

约谈强调，中国环境监测总站将进一步加强对环境监测运维服务的监督管理，加大运维情况"双随机"检查力度，严肃查处运维服务中出现的问题，完善运维服务退出机制，为坚决打赢蓝天保卫战提供科学的监测技术与数据支撑。

约谈会上，河北先河公司主要负责人做了表态发言，表示诚恳接受约谈，将正视问题、全面整改、举一反三，确保所承担的社会化监测运维工作的质量，坚决杜绝弄虚作假行为。

中国环境监测总站负责同志、生态环境部监测司有关负责人、先河环保科技股份有限公司主要负责人参加了约谈。

发布时间
2018.8.22

"绿盾2018"自然保护区监督检查专项行动巡查工作拉开帷幕

2018年8月21日，由生态环境部、自然资源部、水利部、农业农村部和中国科学院5部门联合组成的3个巡查组分赴天津、甘肃和广东，标志着"绿盾2018"自然保护区监督检查专项行动巡查工作正式拉开帷幕。

持续开展"绿盾"自然保护区监督检查专项行动是《中共中央　国务院关于全面加强生态环境保护　坚决打好污染防治攻坚战的意见》确定的重点任务。此次巡查工作是生态环境部等部门于3月启动的"绿盾2018"自然保护区监督检查专项行动的重要环节，是将"绿盾2018"专项行动做实的关键步骤。

为做好巡查工作，生态环境部制定了巡查工作方案，明确了巡查目标、重点和相关要求。通过巡查，督促地方各级人民政府和相关部门进一步加强自然保护地工作，压实责任，严肃查处违法违规问题，抓紧开展整顿治理，坚决彻底整改相关问题。

联合巡查分12个组，对31个省（区、市）全覆盖（附表）。本次巡查重点是近年来党中央、国务院批示要求进行整治的自然保护区（地）、长江经济带11省（市）的各类自然保护地、媒体曝光或审计通报的自然保护区以及问题突出的其他自然保护区，核查内容包括2017年以来新增的违法违规问题核查整改情况，

"绿盾2018"自然保护区监督检查专项行动巡查组

巡查组	牵头部门	巡查省份
一	生态环境部	北京、天津、河北、内蒙古
二	自然资源部	山西、山东、河南、辽宁
三	生态环境部	吉林、黑龙江
四	水利部	上海、江苏、浙江
五	生态环境部	安徽、江西
六	农业农村部	湖北、湖南
七	生态环境部	四川、重庆
八	生态环境部	云南、贵州
九	生态环境部	广东、广西
十	生态环境部	福建、海南
十一	农业农村部	陕西、宁夏、新疆
十二	生态环境部	甘肃、青海、西藏

"绿盾2017"专项行动问题整改情况"回头看"，国家级自然保护区勘界立标、机构建设、人员保障、资金保障等情况，"绿盾2018"专项行动问题台账的建立和销号制度执行情况等。

为保证巡查工作有的放矢，生态环境部组织开展了自然保护区遥感监测，结合各地上报的"绿盾2018"专项行动工作报告和前期明察暗访掌握的信息，对全国国家级和省级自然保护区以及长江流域自然保护地的问题进行了梳理，筛选出列入巡查范围的自然保护地及其问题清单，而不是由地方选择巡查对象和问题点位，具有抽查性质。各巡查组将深入实地进行检查，核实存在问题的点位。

　　巡查工作设立举报电话并在当地主要媒体公布，广泛征集违法违规问题线索，并邀请媒体记者随行跟踪报道，向社会公开巡查工作进展。为确保强化巡查效果，生态环境部等部门将对查处和整改问题不力的地方政府和主管部门进行公开约谈，督促其整改。

　　8月15日至16日，生态环境部在北京举办了巡查工作动员会和培训班，会后，12个巡查组将陆续进驻，巡查工作于2018年8月下旬至9月中下旬进行，为期一个月。

发布时间
2018.8.23

生态环境部召开 2018 年上半年水环境质量达标滞后地区工作调度会

　　8月23日，生态环境部组织召开2018年上半年水环境质量达标滞后地区工作调度会。会议紧盯年度水环境质量约束性目标，推动水环境质量达标滞后地区进一步提高认识、落实责任、加快整改。全国39个水环境质量达标滞后地级以上城市政府负责同志参加会议。鞍山、四平、盘锦、保定、长春、沈阳、大同、哈尔滨、昆明、齐齐哈尔10个地市政府负责同志代表达标任务完成滞后地市表态发言。

　　会议通报，自5月15日第一季度调度会后，各地积极开展整改工作，取得较好效果。第一季度参加调度会的73个地市中有42个地市退出了水质达标滞后名单，但仍有31个地市第二次参加会议。其中，鞍山、四平、哈尔滨、昆明4个地市第一季度和上半年均为全国水质达标滞后问题比较突出的地市。齐齐哈尔、唐山、沧州、七台河、通辽、德阳、黔东南、玉溪8个地市因第二季度水质变差首次参加会议。其中，齐齐哈尔市第二季度水环境质量恶化严重，初次进入名单就位于滞后名单第10名。

　　会议指出，在当前党中央高度重视生态环境保护的大形势下，在全国生态环境保护大会召开、中央环境保护督察"回头看"如火如荼开展、全国水环境质量

总体改善的情况下，部分地市水环境质量依然没有明显好转，甚至持续恶化，有关地市要认真总结原因，采取有力措施，真抓实干，争取下半年坚决扭转这种局面。

会议要求，一是要提高政治站位，牢固树立绿色发展理念；二是把握机遇，打好水污染防治攻坚战；三是提高成效，从根本上治理水环境污染；四是加强宣传，形成全社会齐抓共管的舆论氛围。

下一步，生态环境部将继续开展滚动调度管理、持续加大宣传力度，按季度发布达标滞后城市名单，引导社会舆论聚焦水环境保护，发动公众的力量督促水环境质量达标。

发布时间
2018.8.26

生态环境部启动"千里眼计划"全面开展热点网格监管工作

为提高重点区域环境监管效能，第一时间发现问题、解决问题，生态环境部启动"千里眼计划"，对京津冀及周边地区"2+26"城市（以下简称"2+26"城市）全行政区域按照3千米×3千米划分网格，利用卫星遥感技术筛选出$PM_{2.5}$年均浓度较高的3600个网格作为热点网格，进行重点监管。经过一年多的试点，现已在"2+26"城市全面开展，取得较好成效。

为确保"千里眼计划"取得实效，在河北省环保厅和沧州市委、市政府的大力支持下，生态环境部于2017年在沧州市启动了热点网格监管试点。针对落在沧州市的126个热点网格，市、县高度重视，逐网格设立网格长和专职网格监督员，全面排查出热点网格内涉气污染源企业6325家、锅炉4143台，发现各类环境问题7760个。由网格长针对问题组织制订整改方案，网格监督员日常巡查，督促落实。试点以来，沧州市$PM_{2.5}$平均浓度显著下降，试点工作取得良好成效。期间，热点网格也广泛应用于2017年大气污染防治强化督查，为"2+26"城市各督查组提供重点检查区域和相关企业信息，帮助发现并解决了一批环境问题，起到了较好的指导作用。

在总结试点经验的基础上，生态环境部于2018年5月17日印发《关于做好

大气污染热点网格相关工作的通知》（环办环监函〔2018〕293号），组织"2+26"城市自6月起全面开展热点网格监管工作。

生态环境部每月将各城市PM$_{2.5}$月均浓度最高、同比2017年PM$_{2.5}$浓度改善情况最差，以及环比上月改善情况最差的3类热点网格作为预警网格向社会公开，要求各城市针对预警网格加大监管力度，组织开展涉气污染源排查和问题整改。对1年内连续3次被预警或累计6次被预警的热点网格，生态环境部将采取公开通报、派驻工作组和公开约谈网格所在县（区、市）政府负责人等措施，督促地方解决问题、改善环境。

下一步，生态环境部将逐步扩大"千里眼计划"实施范围。2018年10月前实施范围为"2+26"城市，10月起增加汾渭平原11城市，2019年2月起增加长三角地区41城市，从而实现对重点区域的热点网格监管全覆盖。

此外，生态环境部还将研究通过地面监测微站和移动式监测设备（车载式或便携式）等技术手段，综合运用互联网技术和大数据理念，探索构建"热点网格+地面监测微站+移动式监测设备"的工作模式，不断深入实施"千里眼计划"，细化执法监管区域，精密监控PM$_{2.5}$等污染物质的浓度变化和异常时段，进一步提升热点网格日常监管和执法检查的针对性和精准性，提高大气污染监管水平，坚决打赢蓝天保卫战。

扫码查看

我用"眼神"锁定你

"千里眼计划"

　　"千里眼计划"，是指通过卫星遥感等先进的技术手段，在北京指挥部就可以找出"2+26"城市、汾渭平原、长三角地区等重点区域PM$_{2.5}$浓度比较高的地区，进行重点监管。远在千里之外，也可以第一时间发现哪些地方有环境问题，通知地方检查找出是谁家的问题并及时交办，从而提高监管效能，有效解决环境执法人员数量少、监管区域大、不能及时发现问题等困难。

发布时间
2018.8.30

生态环境部通报山西省临汾市国控空气自动监测数据造假案有关情况

　　近期，生态环境部会同有关部门严肃处理了山西省临汾市国控环境空气自动监测数据造假案（以下简称临汾案件），为进一步加强警示教育作用，生态环境部于8月28日印发《关于山西省临汾市国控环境空气自动监测数据造假案有关情况的通报》（环办监测函〔2018〕894号，以下简称《通报》）。

　　《通报》指出，临汾案件是一起有组织、有预谋的蓄意犯罪行为，情节严重、影响恶劣、教训深刻，其行为严重背离中央要求、影响环境决策、侵害公众知情权、损害政府公信力。充分反映出一些地方党委和政府贯彻落实党中央、国务院关于生态环境监测工作的决策部署不到位，组织领导不力，未建立防范和惩治监测数据弄虚作假的责任体系和工作机制；个别领导干部私欲膨胀，政绩观严重扭曲，无视党纪国法，知法犯法；有的运维公司内部管理存在严重漏洞，机制不健全，对运维人员疏于教育监督。

　　《通报》要求，各地区、各有关部门和生态环境监测机构要深刻汲取本案教训，引以为戒，举一反三，切实把中央关于生态环境监测数据质量的各项工作任务落到实处，勇于担当，真抓实干，务求实效。

　　一是提高站位，树立正确政绩观。要以习近平生态文明思想为指导，坚持绿色发展，自觉把经济社会发展同生态环境保护统筹起来，从根本上解决污染问题，绝不允许将改善环境质量的压力转嫁到生态环境监测数据上。要加快构建防范和惩治监测数据弄虚作假的责任体系和工作机制，明确政府相关部门责任清单，狠抓工作落实。

二是以案为鉴，堵塞监管漏洞。地方各级生态环境部门要结合本案加大警示教育力度，加强生态环境监测数据质量管理，强化国家生态环境监测网保障措施。要会同相关部门建立合作机制，组织开展监督检查工作，严厉惩处生态环境监测弄虚作假行为，形成高压震慑态势，全面提升监测质量。

三是科学诚信，保障监测质量。各级各类生态环境监测机构要坚持依法监测、科学监测、诚信监测，健全质量管理体系，提高能力水平。各运维机构必须守法经营、诚信服务，完善内部规章制度，强化运维人员管理，认真履行合同约定，严格执行各项运维操作规范，确保生态环境监测数据真实、客观、准确。

《通报》强调，生态环境部将坚决贯彻党中央、国务院的各项决策部署，不断健全防范和惩治生态环境监测数据弄虚作假机制，持续加大监测数据质量管理和监督检查力度，对存在生态环境监测不当干预和弄虚作假的坚持"零容忍"，发现一起，查处一起，通报一起，不论涉及谁，都将一查到底，决不姑息，切实为生态文明建设和生态环境保护工作提供坚实基础。

发布时间
2018.8.31

生态环境部召开全国生态环保系统深化"放管服"改革转变政府职能视频会

8月31日，生态环境部召开全国生态环境保护系统深化"放管服"改革转变政府职能视频会议。部党组书记、部长李干杰出席会议并发表讲话。

他强调，要以习近平新时代中国特色社会主义思想为指导，深入贯彻党的十九大和十九届二中、三中全会精神，全面贯彻习近平生态文明思想和全国生态环境保护大会精神，认真落实2018年全国深化"放管服"改革转变政府职能电视电话会议部署和要求，坚持稳中求进，坚持统筹兼顾，持续深化生态环境领域"放管服"改革，充分释放发展活力，激发有效投资空间，创造公平营商环境，引导稳定市场预期，实现环境效益、经济效益、社会效益相统一，为打好污染防治攻坚战、推动经济高质量发展提供有力支撑。

会议指出，"放管服"改革是党中央、国务院的重要决策部署。习近平总书记多次就深化简政放权、转变政府职能以及深化生态环境监管体制改革作出重要批示指示，为深化生态环境领域"放管服"改革指明了前进方向，提供了根本遵循。国务院连续4年就深化"放管服"改革、转变政府职能召开电视电话会议，李克强总理发表重要讲话，全面阐述深化"放管服"改革的重大意义和深刻内涵，统筹安排部署深化"放管服"改革工作，也对深化生态环境领域"放管服"

改革提出明确任务要求。深化"放管服"改革是新时代推动经济高质量发展的内在要求，是打好污染防治攻坚战的重要保障，也是推进生态环境治理体系和治理能力现代化的战略举

措。全国生态环境保护系统必须认真学习领会，充分认识和牢牢把握深化"放管服"改革的重大意义，加快推动党中央、国务院决策部署在生态环境领域落地见效。

会议认为，党的十八大以来，生态环境部认真贯彻落实党中央、国务院决策部署，不断加大简政放权和职能转变力度，取得明显成效。

一是为各类市场主体减负担。大力清理规范行政审批事项，取消4项、下放2项本级行政审批事项，取消13项中央指定地方实施的行政审批事项，下放57项建设项目环评审批权限。加强行政事业收费和涉企收费监管，取消5项行政事业性收费。进一步规范行政审批中介服务事项，取消2项中介服务事项，全国358家环保系统环评机构全部完成脱钩。

二是为促进就业创业降门槛。积极配合国家发展和改革委提出生态环境领域的负面清单，并纳入《市场准入负面清单（2018年版）》。开展生态环境部门权力和责任清单的前期研究。

三是为激发有效投资拓空间。深入推进投资项目环评审批改革，多次修订《建设项目环境影响评价分类管理名录》，简化环评文件类别。加快清理规范环

境认证事项，组织开展中国环境标志改革试点，鼓励更多第三方机构开展认证活动。加快培育农业农村污染治理等新兴环保市场，会同财政部印发《全国农村环境综合整治"十三五"规划》，联合有关部门印发《关于政府参与的污水垃圾处理项目全面实施PPP模式的通知》。

四是为公平营商创条件。全面推进环境执法"双随机、一公开"，实现全国所有市、县级环境执法机构全覆盖。严厉打击环境监测数据造假等违法违规行为，推动出台《关于深化环境监测改革提高环境监测数据质量的意见》，严肃查处山西临汾等环境监测数据造假行为。联合有关部门制定《企业环境信用评价办法》等文件，建立健全生态环境领域失信联合惩戒机制。

五是为群众办事生活增便利。持续开展"减证便民"行动，进一步压缩行政审批申请材料、审批环节、办理时限。2018年上半年生态环境部共受理行政审批事项11347件，全部按时办结。推动生态环境数据联网共享，完成部内生态环境信息资源目录梳理和多部委生态环境大数据资源主题目录。进一步推进"互联网＋政务服务"，启动政务服务综合平台项目建设，整合集成行政审批系统，构建"一站式"办事平台。地方各级生态环境部门积极探索，大胆创新，涌现出一批具有生态环境保护系统特色的"放管服"改革鲜活经验。

会议强调，推进生态环境领域"放管服"改革向纵深发展必须正确处理好四个关系。

一是简政放权与强化监管的关系。要坚决下放对影响市场、干预微观经济、影响营商环境和市场主体地位作用发挥的审批事项。坚持"放管结合、放管并举"，对于取消和下放的行政审批事项要重心后移，狠抓事中事后监管，从根本上提高监管效能，切实管住、管好、管到位。

二是顶层设计与基层创新的关系。围绕使市场在资源配置中起决定性作用和更好发挥政府作用以及推进治理体系和治理能力现代化，做好顶层设计，直面问题，解决问题。尊重基层首创精神，鼓励地方生态环保部门积极探索符合本地区实际的改革举措路径。

三是"放管服"改革与其他改革的关系。坚持优化协同高效原则，统筹考虑地方机构改革、环保垂改、生态环境保护综合执法改革的实际情况，确保下放的权力事项地方能够接得住、事中事后监管措施能够落地落实。

四是改革创新与法治建设的关系。注重运用法治思维和法治方式推进改革，按照"在法治下推进改革、在改革中完善法治"的要求，及时把改革中形成的成熟经验制度化、法律化，积极推动做好生态环境领域相关法律法规的立改废释工作，确保重大改革于法有据。

会议要求，当前和今后一个时期，深化生态环境领域"放管服"改革，要坚持以推进生态环境治理体系和治理能力现代化、推动经济高质量发展为目标，以更好更快方便企业和群众办事创业为导向，聚焦重点领域和关键环节，重点从转变政府职能、转变工作方式、转变工作作风三个方面着力。

第一，着力转变政府职能，以更大力度推进简政放权。

一要大力推进减权放权。继续削减生态环境行政审批事项，做好生态环境机构改革涉及行政审批事项的划入整合和取消下放工作，除关系国家安全和重大公

共利益等项目外，能取消的坚决取消，能下放的尽快下放。及时推动制修订"放管服"改革配套法律法规，确保简政放权与相关法律法规相衔接、相配套。

二要大幅提升行政审批效能。继续推进环评审批改革，健全并严格落实主要行业环评审批原则、准入条件和重大变动清单，强化生态保护红线、环境质量底线、资源利用上线和生态环境准入清单（"三线一单"）的宏观管控，加强项目环评与规划环评联动，动态修订建设项目环评分类管理名录，进一步压缩环评审批时间。加快推动生态环境行政许可标准化，实现同类审批"同标准受理"和"无差别审批"。进一步完善生态环境领域行政审批事项目录，让办事企业和群众看得明白，让工作人员心中有数。

三要着力推进减税降费。推进中介服务标准化，推动公开中介服务收费依据、收费标准、收费事项等，接受社会监督。继续清理整顿事业单位、行业协会收费，进一步加强收费监管。

第二，着力转变工作方式，以更实举措强化事中事后监管。

一要创新监管方式。全面推进生态环境保护综合执法，统筹配置行政处罚职能和执法资源。加强对"双随机、一公开"监管制度落实情况的督促指导和检查力度。加快推进生态环境信用监管，健全环保信用信息共享、跨部门联合奖励和惩戒工作机制。

二要加大监管力度。突出监管重点，聚焦打赢蓝天保卫战等七大标志性重大战役。强化环境保护督察整改，推动列入整改方案的污染治理、生态修复、提标改造、产业调整等重大项目整改落地见效，倒逼解决制约高质量发展的环境基础设施短板和产业深层次问题。推动建立联合监管机制，合并涉企检查事项，提高监管效率。加快建设完善污染源实时自动监控体系，主动公开生态环境监管执法信息。强化生态环境监管能力建设，提高执法机构"软硬件"水平。

三要落实监管责任。切实加强行政审批与执法环节的有效衔接，形成监管合力。严格责任追究。建立尽职免责机制，不能让基层生态环保部门工作人员"流血流汗又流泪"。

四要杜绝"一刀切"。坚持一切从实际出发，切实做到分类指导、精准施策。对生态环境保护督察执法中发现的问题，严格禁止"一律关停""先停再说"等敷衍应对做法，坚决避免紧急停工停产等简单粗暴的"一刀切"行为。加强对生态环保"一刀切"问题的查处力度，对不作为、乱作为现象，发现一起、查处一起，严肃问责。

第三，着力转变工作作风，以更高标准优化政务服务。

一要全面优化政府服务行为。进一步优化审批事项服务流程、创新服务方式，让企业群众办事更便捷。持续开展"减证便民"行动，提升政务大厅"一站式"服务功能。

二要创新生态环境公共服务方式。积极探索用市场手段解决生态环境问题的方式，积极推动设立国家绿色发展基金，完善绿色信贷、绿色证券、绿色保险、绿色投资体系，建立市场化、多元化生态补偿机制，大力发展环境服务业，深化排污权交易试点。稳步推进生态环境监测等领域服务社会化。大力推进生态环境信息公开，建立健全生态环保信息强制性公开制度。

三要加快推动环保产业发展。推进非电行业超低排放改造等重大工程建设，以大工程带动环保产业大发展。加强生态环境科技标准建设，充分发挥标准对环保产业发展的预期引领和倒逼作用。推进生态环境治理模式创新，推行生态环境综合治理托管服务，规范生态环境领域政府和社会资本合作（PPP）模式。加强行业规范引导，有效防止污水、垃圾处理设施建设等恶性低价中标，提高环保产业标准化水平。

四要大力推进"互联网＋政务服务"。积极推动生态环境公共服务平台建设，推进审批事项向网上办事延伸。积极配合开展全国一体化政务服务平台建设，加快推动政务服务平台整合接入工作。高度重视信息安全工作，筑牢生态环境信息平台建设和数据共享安全防线。

会议强调，深化"放管服"改革是一场从理念到体制的深刻变革，各级生态环保部门要迎难而上，真抓实干，全力推动深化"放管服"改革取得更大成效。

一要高度重视，落实责任。各级生态环保部门主要负责同志要亲自推动，一级抓一级、层层抓落实。压实工作责任，建立完善责任链和任务链，做到有布置、有检查、有验收。突出问题导向，对重点难点问题制订攻坚计划，挂图作战、挂牌督办、逐一销号。

二要协调配合，统筹推进。对于2018年确定的改革重点任务，尽快研究制定具体落实措施。注重沟通衔接，研究制定下放行政审批事项的承接和事中事后监管措施，确保放得下、接得住。强化协调配合，统筹推进"放管服"改革与生态环境机构改革、环保垂改、生态环境保护综合执法改革。

三要敢于担当，积极创新。尊重并发挥基层首创精神，支持基层因地制宜大胆探索，并及时总结推广改革经验。认真贯彻中央《关于进一步激励广大干部新时代新担当新作为的意见》，建立健全容错纠错机制，不断激发干部干事创业的积极性。

四要强化督查，跟踪问效。把"放管服"改革任务纳入重点工作督查范围，定期调度督促。严肃责任追究，对工作不落实的公开曝光；对执行已有明确规定不力的、对落实改革举措"推拖绕"的、对该废除的门槛不废除的、对不作为乱作为的，坚决严肃问责，绝不姑息迁就。

会议在生态环境部机关设立主会场，在各派出机构、直属单位，各省级、地市级和有条件的县级环保部门设分会场。

生态环境部副部长赵英民主持会议。生态环境部副部长黄润秋、翟青，中央纪委国家监委驻部纪检监察组组长吴海英，副部长庄国泰出席会议。

驻部纪检监察组、部机关各司局、部分在京直属单位负责同志在主会场参加会议。驻部纪检监察组、部机关处级干部，各派出机构、直属单位、各省级环境部门处级及以上干部；地市级及县级环保部门领导班子成员，共计1.6万余人在分会场参加会议。

本月盘点

微博：本月发稿375条，阅读量29264506；

微信：本月发稿272条，阅读量2280769。

9 月

- 生态环境部部长率团出席中国-中东欧国家环保合作部长级会议
- 生态环境部印发《关于进一步强化生态环境保护监管执法的意见》

2018

<table>
<tr><td>发布时间</td><td rowspan="2">生态环境部通报陕西省彬州市以治污降霾
名义设立车辆冲洗站乱收费问题督察情况</td></tr>
<tr><td>2018.9.7</td></tr>
</table>

　　针对近日国务院大督查发现的陕西彬州市以治污降霾名义设立车辆冲洗站乱收费问题，2018年8月28日，生态环境部组织督察组赶赴现场开展督察。为进一步加强警示教育作用，生态环境部于8月31日印发《关于陕西省彬州市以治污降霾名义设立车辆冲洗站乱收费问题督察情况的通报》（环办督察函〔2018〕951号，以下简称《通报》）。

　　《通报》指出，彬州市原称彬县，2018年5月撤县设市，由陕西省直辖，咸阳市代管。原彬县县委2017年2月22日召开县委常委周例会，确定由县交通运输局负责按照"市场运作为主、财政补贴为辅"的原则，在当年3月初全面建成运营城关沟、西区莲花池、新民水北3个进出城区的重型车辆冲洗站。之后，县交通运输局与3家企业签订运输车辆冲洗站建设协议，明确由县交通运输局一次性对每家企业补贴30万元，并由3家企业全面负责建设运营。同年9月25日，原彬县县委有关会议确定由县交通运输局牵头成立治污降霾道路运输监测管理站，全权负责车辆冲洗站以及道路运输扬尘治理工作。同年10月25日，由县治污降霾办公室召集县交通运输局、物价局及3个车辆冲洗站负责人商定每辆大型车冲洗一次20元、中型车15元和小型车10元，并于同年11月正式收费运营。其间，2018年春节前暂停运营，春季恢复运营，4月被陕西电视台曝光后再次暂停运营，7月又恢复运营，直至2018年8月26日彻底拆除。

《通报》认为，彬州市违规设立3处治污降霾车辆冲洗站，强制过路车辆洗车缴费，事实清楚，在当地造成恶劣影响，彬州市委、市政府及其有关部门在治污降霾工作中存在明显乱作为问题。

一是违反国务院治理公路"三乱"的有关规定，打着治污降霾的旗号违规设卡，组织辅警强制过往货运车辆接受洗车服务。

二是违反国家经营服务性收费有关规定，未经上级有关部门批准，违规设立收费项目，并私自商定收费标准。

三是假治污、真收费，对过路车辆不论是否干净、有无必要、是否有效、是否损害，一律要求冲洗，搞"一刀切"；运营单位及人员冲洗操作敷衍应对，5秒钟即完成一台车辆的冲洗，以治污降霾之名行强制收费之实。

虽然上述问题被发现并曝光后，彬州市委、市政府高度重视，及时整改，但在社会上已造成十分恶劣的影响，不仅没有产生治污降霾效果，而且严重干扰了打好污染防治攻坚战工作。

《通报》强调，彬州市以治污降霾之名设卡强制过路车辆洗车收费，是典型的假装治污、谋取私利行为，不仅严重偏离中央生态环境保护决策部署，而且给污染防治攻坚战工作抹黑，侵害群众利益，损害政府形象，性质恶劣，教训深刻。各级生态环境部门要以此为鉴，举一反三，提高工作的主动性和敏感性，当好党委、政府的参谋助手，切实推动打好污染防治攻坚战各项工作。

一要不断提高政治站位。以打好污染防治攻坚战为重点，加强综合协调和统筹谋划，推动地方完善机制，压实责任，强化考核，不断深化生态环境保护党政同责、一岗双责，坚决扛起生态环境保护的政治责任。

　　二要提高工作的敏感性。始终把握生态环境保护工作的正确方向，坚持脚踏实地，真抓实干，对于出现的表面治污、假装治污，以治污之名行乱作为之实等问题，要坚决制止，及时报告，并切实做好舆情引导，不断营造打好污染防治攻坚战的良好氛围。

　　三要履行好统一监管职责。始终坚持问题导向，敢于动真碰硬，不仅要加强对企业环境违法问题的监管，也要加强对生态环境保护责任落实情况的监管。对做表面文章，搞花架子治污，以及不分青红皂白搞"一刀切"等问题，要坚决制止，查处到位。对乱作为者，将纳入中央生态环境保护督察，作为重点，严肃追责问责。

发布时间
2018.9.13

解振华特别代表出席美国加利福尼亚州 全球气候行动峰会系列活动

当地时间9月11—12日，在美国旧金山参加加利福尼亚州全球气候行动峰会的中国气候变化事务特别代表解振华出席一系列活动。

9月12日上午，解振华特别代表出席"中国角"系列活动开幕式。他表示，中国在面临多重挑战的同时高度重视应对气候变化，落实习近平主席的指示和对外承诺，积极采取政策措施，在实现碳强度下降目标、低碳试点示范、启动全国碳排放交易体系、提高全社会意识等方面取得显著成效。下一步将以习近平生态文明思想为指导，全面落实全国生态环境保护大会的部署和要求，更好地发挥低碳发展对经济转型的引领作用、对生态文明建设的促进作用、对环境污染治理的协同作用。解振华特别代表肯定了地方政府、企业、社会组织在应对气候变化中的作用，并鼓励这些次国家行为体继续做出贡献。

9月12日下午，解振华特别代表出席"中国角"气候变化全球行动倡议启动仪式。他强调，应对气候变化、实现可持续发展需要包括各国中央政府、地方政府、企业界、公益组织在内的各方共同努力，希望各方积极支持和加入中国公益组织发起的气候变化全球行动倡议，促进东西方公益组织交流合作，共同应对气候变化。

　　此外，解振华特别代表还会见了美国加利福尼亚州州长布朗，转达了习近平主席的口信，并表示中方愿继续加强与加利福尼亚州在气候变化领域的合作。在美国前副总统戈尔对解振华特别代表进行的访谈中，解振华特别代表介绍了对当前气候变化多边进程的看法。布朗州长和戈尔先生均表达了对中国应对气候变化行动的高度赞赏。

　　解振华特别代表还出席了斐济总理姆拜尼马拉马主持召开的向近零碳排放社会快速转型的塔拉诺阿对话，分享了中国积极应对气候变化、引领气候变化国际合作的生动故事。

　　此次美国加利福尼亚州全球气候行动峰会由该州政府主办，旨在推动全球次国家层面的应对气候变化行动。"中国角"活动在峰会期间举办，为期三天，举办了多场边会，内容涵盖地方行动、碳市场、气候投融资、清洁能源和能效、零排放汽车、企业气候行动等。

发布时间
2018.9.14 **生态环境部肯定浙江省、四川省乐山市设立
生态环境"曝光台"等典型做法和成效**

　　为贯彻落实党中央、国务院印发的《关于全面加强生态环境保护　坚决打好污染防治攻坚战的意见》精神及全国生态环境宣传工作会议有关要求，充分发挥各类媒体作用，曝光突出环境问题，报道整改进展情况，加强舆论监督，生态环境部近日正式印发《关于转发浙江省、四川省乐山市设立生态环境"曝光台"等典型做法和成效的通知》（以下简称《通知》）。

　　《通知》指出，近年来，全国一些省、市就主动曝光生态环境问题并督促整改做了积极的探索并取得很好的效果。浙江省和四川省乐山市通过媒体常态监督、政府主动作为、群众广泛参与，推动解决了一大批群众身边的生态环境突出问题，既赢得了老百姓的口碑和支持，也充分说明主动曝光生态环境问题并督促解决也是正面宣传。

　　《通知》要求，全国生态环境系统要认真研究、学习借鉴浙江省、四川乐山市设立生态环境"曝光台"等典型做法和成效，扎实落实《关于全面加强生态环境保护　坚决打好污染防治攻坚战的意见》的部署和要求，加大舆论监督力度，推动全社会广泛参与环境保护，为打好污染防治攻坚战营造良好社会氛围。

　　自2014年3月起，浙江卫视《今日聚焦》节目重点对各地"五水共治"和

"三改一拆"工作中存在的问题进行公开曝光，截至2018年6月底，共播出涉及环境污染问题334期。经过多年实践，《今日聚焦》探索出建立从发现曝光到整改销号的全流程工作机制，压实从党委、政府到排污主体的全链条责任体系，推进从个案办理到行业联办的全领域整治提升等有效做法，已成为新闻舆论监督品牌、压实责任的抓手、全民参与的平台以及展示从严执法的窗口。

2017年7月，四川省乐山市在全国率先开设"环境曝光台"，坚持问题导向，形成生态环境问题搜集、曝光、办理、反馈、评估、销号的全程问题解决链条，以点带面，追本溯源，构建起生态环境保护长效机制。截至2018年6月，乐山市通过"一台"（乐山广播电视台）、"一报"（乐山日报）、"一网"（乐山新闻网）共曝光生态环境问题356个，取得了环境质量持续向好的"生态效益"、人民群众支持点赞的"社会效益"和产业升级经济转型的"发展效益"等环境保护"蝴蝶效应"。

发布时间
2018.9.17

书讯|《回眸：环保部发布的 486 天》出版发行

近日，由生态环境部编写，记录生态环境部官方新媒体"环保部发布"从开通上线至更名的486天点滴日常的图书——《回眸：环保部发布的486天》，已由中国环境出版集团出版发行。

2016年11月22日，原环境保护部官方微博、微信公众号"环保部发布"开通上线，至2018年3月22日正式更名为"生态环境部"，486天里，"环保部发布"发文3800余篇。在这些文章中，有通报、约谈这样的"重锤响鼓"，也有一图一故事这样的"温情讲述"。486天，"环保部发布"忠实地记录了中国环保事业的风云变幻和壮阔波澜，讲述了中国环保事业不平凡的故事。

　　该书以时间为轴，以月份为单位，从3800余篇文章中选取了119篇，收录了原环境保护部各月重点工作的新闻通稿，串联起2016年11月22日至2018年3月22日的486天里环境保护工作的一个个瞬间，作为对"环保部发布"那段时光的一次回眸。

　　为感谢广大粉丝们的支持，即日起，关注@生态环境部 转发并评论本微博，就有机会获赠《回眸：环保部发布的486天》图书一本，共20本，截止2018年9月20日。

发布时间
2018.9.18

西藏珠穆朗玛峰国家级自然保护区生态环境问题整改工作取得积极进展

　　西藏是我国重要的生态安全屏障。近日，"绿盾2018"自然保护区监督检查专项行动第12巡查组现场核查了珠穆朗玛峰国家级自然保护区突出生态环境问题的整改情况。巡查组发现，西藏自治区认真落实中央环境保护督察整改、"绿盾2017"和"绿盾2018"专项行动有关要求，大力推动珠穆朗玛峰保护区突出生态环境问题的整改，并取得积极进展。

　　2018年以来，自治区组织清理珠穆朗玛峰保护区海拔5200米以上的垃圾8.4吨，包括多年来登山活动产生的食品包装袋、食品罐子、酒瓶等生活垃圾约5.2吨，旧登山绳子、旧登山帐篷、旧瓦斯罐等登山垃圾约1吨，登山人员排泄物约2.2吨。日喀则市定日县对珠穆朗玛峰大本营海拔5200米以下区域内的垃圾进行了收集、清运和处置，

大本营沿线配备了环卫工27人、垃圾箱63个、清运车4辆，投入资金360万元委托第三方公司负责运营，已收集转运垃圾约335吨。自治区正在开展登山条例修订工作，推动建立登山者环保押金收缴管理制度、登山清洁制度、定期清理登山垃圾等制度。

巡查组也指出保护区仍存在违规旅游整改不到位等问题。保护区核心区内、距珠穆朗玛峰主峰北侧约30千米的登山大本营附近有一处帐篷旅馆，占地约8亩，仍在从事游客中转、食宿和旅游品销售等旅游经营活动。巡查组对此提出了下一步整改要求。

扫码查看

你随手扔下的，他们在用生命捡回

发布时间
2018.9.19

生态环境部通报陕西省商洛市环境违法施工人员暴力抗法事件有关情况

2018年8月，陕西省商洛市商州区发生环境违法施工人员暴力抗法事件。生态环境部高度重视，立即责成陕西省环保厅成立工作组，督促当地政府严肃查处暴力阻碍执法行为、净化执法环境。近日，生态环境部向全国通报了事件情况。

8月10日23时左右，陕西省商洛市商州区环境监察大队副大队长鱼卫锋和职工赵博毅在夜间巡查时发现，文卫路北段提升改造项目未经环保部门审批正在违法进行夜间施工。执法人员要求该项目立即停止夜间施工，但施工方拒不停工，并对执法人员进行辱骂、恐吓和殴打。打人者散去后，鱼卫锋向局领导汇报并报警。商州公安分局城郊派出所迅速出警调查处理。

目前，商州公安分局已对涉嫌妨害公务罪的4名犯罪嫌疑人依法刑事拘留，案件正在进一步侦办中。商州区环保局于9月1日作出处罚决定，对该项目承建单位夜间违法施工、噪声污染问题处以10万元罚款。

为营造良好生态环境执法氛围，严厉打击恶意违法抗法行为，生态环境部要求各级生态环境部门：

继续保持生态环境执法高压态势，依法严惩生态环境违法行为，发现一起、严查一起，不断强化环境执法的权威性、严肃性；

　　积极营造生态环境执法有利环境，建立有效的上级支持下级的工作机制，督促市级、县级人民政府支持执法工作、关心执法人员，为生态环境执法工作创造有利条件；

　　加强与公安机关的协作配合，做好行政执法和刑事司法衔接工作，严厉打击以暴力手段阻碍生态环境执法人员依法执行公务的违法行为；

　　加强执法宣传和警示教育，及时主动发布执法、督查、案件等信息，充分采取以案说法等通俗易懂的方式，宣传违法行为应承担的法律责任，起到警醒一片、教育一片的作用。

发布时间
2018.9.20

生态环境部部长率团出席中国－中东欧国家环保合作部长级会议

2018年9月19—20日，以"未来的遗产"为主题的中国—中东欧国家环保合作部长级会议在黑山波德戈里察举行。黑山总统久卡诺维奇出席开幕式并讲话，生态环境部部长李干杰率团出席会议并致辞。久卡诺维奇总统会见了李干杰一行，对深化中国—中东欧国家生态环保合作表示赞赏和支持。

李干杰在致辞中指出，中国政府高度重视生态环境保护，将节约资源和保护环境确立为基本国策，将可持续发展作为国家战略。近年来，中国大力建设生态文明，构建科学有效的生态环境治理体系，在大气、水和土壤污染防治，生物多样性保护以及应对气候变化等方面取得积极成效，生态环境质量持续改善，提前实现2020年森林覆盖率达到17%、碳强度比2005年降低40%～45%等目标和承诺。

就进一步深化加强"16＋1"环保合作，李干杰建议，一是加强生态环境保护和应对气候变化战略对接，就全球性、战略性环境与气候问题加强沟通交流和政策对话；二是共同加入"一带一路"绿色发展国际联盟，携手推进绿色"一带一路"建设，共同落实《2030年可持续发展议程》；三是推动政策法规对话和技术标准对接，共同推动基础设施、产品贸易、金融服务等领域合作的绿色化；四是积极推进环保产业合作，共同培养、扶持环保产业发展和绿色经济增长点。

　　会议由黑山可持续发展和旅游部部长拉杜洛维奇主持，会议发表了主席声明，通过了关于成立中国—中东欧国家环保合作机制的《框架文件》，启动了"16＋1"环保合作机制。参会期间，李干杰还与黑山、塞尔维亚、克罗地亚、波兰和罗马尼亚的环境部部长或代表团团长举行了工作交流。中国驻黑山大使刘晋、中国—中东欧国家合作事务特别代表霍玉珍大使参加有关活动。

　　2017年11月，在中国—中东欧国家合作成立五周年之际，中国和中东欧国家领导人在匈牙利举行会晤，通过《中国—中东欧国家合作布达佩斯纲要》，支持黑山牵头建立"16＋1"环保合作机制，通过举办高级别会议、展览等活动，深化17国之间的环保合作。

生态环境部召开全国生态环境系统"以案为鉴，营造良好政治生态"专项治理工作集体学习视频会议

发布时间
2018.9.26

9月26日，生态环境部召开全国生态环境系统"以案为鉴，营造良好政治生态"专项治理工作集体学习视频会议暨专题辅导报告会，生态环境部党组书记、部长李干杰主持会议，中央纪委常委、国家监委委员卢希应邀就新修订的《中国共产党纪律处分条例》（以下简称新《条例》）作专题报告。

卢希紧密结合党的十八大以来党风廉政建设和反腐败斗争的形势，全面阐释了新《条例》修订的背景、必要性和主要内容，深入细致地对新《条例》有关条目进行了重点解读，并就做好贯彻落实工作提出了具体要求和意见建议，深入浅出、案例鲜活，使与会同志受到了一次深刻的纪律教育。

李干杰说，卢希同志的报告主题鲜明、内容丰富、内涵深刻，既是一场生动的报告，也是一堂精彩的党课，对全国生态环境系统学习宣传贯彻好新《条例》、深入推进全面从严治党、营造良好政治生态，具有重要的指导作用。

李干杰指出，新《条例》全面贯彻习近平新时代中国特色社会主义思想和党的十九大精神，是党的纪律建设的理论、实践和制度创新成果，具有很强的政治性、时代性、针对性。学习贯彻实施好新《条例》，对生态环境系统深入贯彻

落实党的十九大精神和十九届中央纪委二次全会精神、推进全面从严治党向纵深发展具有重要现实意义。

李干杰强调，生态环境系统各级党组织和纪检组织要切实提高政治站位，牢固树立"四个意识"，做到"两个坚决维护"，深刻领会党中央修订《条例》的重大意义，进一步增强加强党的纪律建设的自觉性和坚定性，坚定不移把全面从严治党不断引向深入。要加强党员纪律教育，把新《条例》纳入"以案为鉴，营造良好政治生态"专项治理工作、理论中心组学习和部党校的必学内容，做到原原本本学、逐条逐句学；各级领导干部要率先垂范，模范遵守新《条例》，充分发挥"头雁效应"，带动全体党员干部养成遵规守纪的日常习惯，努力形成风清气正的良好政治生态。要严格按照新《条例》的各项要求，强化日常管理和监督，深化运用监督执纪"四种形态"，注重抓早抓小、防微杜渐，敢于较真碰硬，对违纪问题发现一起、查处一起，让制度"长牙"、纪律"带电"，确保新《条例》落地生根，巩固发展执纪必严、违纪必究常态化效果，为打好打胜污染防治攻坚战提供坚强纪律保证。

会议采取视频方式召开。在生态环境部设立主会场，在派出机构、直属单位、省级环保部门以及有条件的地市级、区县级环保部门设分会场，约22000人参加会议。

生态环境部党组成员、副部长赵英民、刘华，中央纪委国家监委驻生态环境部纪检监察组组长、部党组成员吴海英，部党组成员、副部长庄国泰出席会议。

生态环境部机关各部门、在京派出机构和直属单位主要负责同志在主会场参加会议。各省级环保部门处级及以上领导干部，地市级和区县级环保部门领导班子成员，部机关各部门、各派出机构、直属单位全体干部在分会场参加会议。

发布时间
2018.9.27

生态环境部印发《关于进一步强化生态环境保护监管执法的意见》

为贯彻党中央、国务院决策部署，落实深化"放管服"改革要求，强化和创新生态环境保护监管执法，近日，生态环境部印发了《关于进一步强化生态环境保护监管执法的意见》（以下简称《意见》）。

《意见》指出，近年来，在各地区、各部门的共同努力下，环境监管执法工作取得积极进展。但也应当看到，一些企业仍然存在违法排污等突出问题。要切实强化和创新生态环境监管执法，坚决纠正长期违法排污乱象，压实企业生态环境保护主体责任，推动环境守法成为常态。

《意见》要求，强化和创新生态环境保护监管执法要重点抓好如下几个方面：

一要落实企业主要负责人第一责任。抓住企业主要负责人这一"关键少数"，督促其承担应尽的生态环境保护职责。

二要全面推行"双随机、一公开"。一般企业落实"双随机"抽查，重点企业实现"全覆盖"排查。

三要利用科技手段精准发现违法问题。深入实施"千里眼"计划，将热点网格监管范围扩大到汾渭平原和长三角地区城市。加快建设完善污染源实时自动监控体系，打造监管大数据平台，推动"互联网＋监管"提高监管执法针对性、科学性、时效性。

　　四要实施群众关切问题预警督办制度。生态环境部将按月向相关市级人民政府发送预警函，并通过生态环境部网站及微博、微信公众号将问题清单和查处情况向社会公开。各地要严格落实督办要求，畅通并发挥"12369"电话热线、微信、网络等举报投诉渠道的作用，积极回应群众关切。

　　五要集中力量查处大案要案。要继续保持严打的高压态势，坚决惩治任性违法，严肃查处屡查屡犯、弄虚作假、拒不纠正、虚假整改等违法乱象，查处一批有影响力、有震慑力的典型案例。深入开展重大案件联合执法行动、联合挂牌督办、联合现场督导，依法打击污染环境犯罪。

　　六是制定发布权力清单和责任清单。市级生态环境部门要公布本部门的执法权力清单和责任清单，公开职能职责、执法依据、执法标准、运行流程、监督途径和问责机制，严格依法履行职责，做到权责一致、履职尽责。

　　《意见》强调，要坚决落实《禁止环保"一刀切"工作意见》《关于印发生态环境领域进一步深化"放管服"改革　推动经济高质量发展的指导意见》的有关要求，在生态环境保护监管执法中禁止"一刀切"，保护企业合法权益。

扫码查看
《关于进一步强化生态环境保护监管执法的意见》

本月盘点

微博：本月发稿512条，阅读量38988545；
微信：本月发稿383条，阅读量2296830。

10月

- 生态环境部部长调研汾渭平原大气污染强化监督
  工作并看望慰问一线工作人员
- 生态环境部召开干部大会
- 第二批中央生态环境保护督察"回头看"全面启动

2018

发布时间
2018.10.1

守护美丽中国，我们是当代环保人

儿时的记忆里，故乡的天是蓝的，
空中白云悠悠，河里鱼虾成群，孩童嬉闹游乐。

但是随着经济社会的飞速发展，
许多美丽的色彩悄然淡出了我们视线，
那些动听的声音渐行渐远。

老百姓对环境污染问题反映强烈。
渴望呼吸新鲜空气，喝上干净的水，
吃上放心的食物。

我们要坚决向污染宣战，
严厉查处人民群众身边的突出环境问题。
听百姓言，知百姓事，晓百姓情，懂百姓苦。

我们要打造一支生态环保铁军。
政治强、本领高、作风硬、敢担当，
特别能吃苦、特别能战斗、特别能奉献。

我们这支队伍中的每一位同志，每一个人，
都要有一种情怀和抱负，有一种自许和要求。

我们要有家国情怀、民族情怀、为民情怀、事业情怀。

重现绿水青山，还自然宁静、和谐、美丽。
我们这代环保人重任在肩，责无旁贷。

不忘初心，方知使命，
方能担当，方得始终。

发布时间 2018.10.4 生态环境部部长调研汾渭平原大气污染强化监督工作并看望一线工作人员

金秋时节的汾渭平原，天朗气清，凉风习习。9月30日至10月1日，生态环境部党组书记、部长李干杰带队分别赴陕西省、山西省、河南省等地进行调研，检查指导2018—2019年打赢蓝天保卫战汾渭平原大气污染强化监督工作，并看望慰问一线工作人员。

两天三省五地，步履匆匆，深入基层一线，了解监督情况。在9月29日飞抵西安出席汾渭平原大气污染防治协作小组第一次全体会议后，30日，李干杰自西安开始调研，到渭南再至运城。10月1日，自三门峡前往郑州后，结束调研工作。

奔流而下的黄河，沿途接纳汾河与渭河两大支流。作为黄河中游地区最大的冲积平原，汾渭平原不仅是华夏文明和中国历史的摇篮，也是黄河流域资源条件优越、工农业生产水平高、经济文化发达的地区。但由于人口密度大、重化产业聚集、能源结构偏煤、产业结构偏重、运输结构偏公路的问题，该地区是我国细颗粒物（$PM_{2.5}$）浓度仅次于京津冀区域的第二高区域，同时又是二氧化硫浓度最高的区域。在此形势下，汾渭平原于2018年被纳入打赢蓝天保卫战重点区域。

"加大扬尘整治力度，推进大气污染防治""积极响应政策，实行错峰生产""坚决打好大气污染防治攻坚战，为后代留下碧水白云蓝天"……调研期间，随处可见的标语横幅，彰显了汾渭平原打赢蓝天保卫战的决心，李干杰也对三省认真贯彻党中央、国务院打赢蓝天保卫战的决策部署并取得的积极成效表示肯定。

在陕西省西安市灞桥区和蓝田县，李干杰先后深入当地工厂企业，检查环保设施运行和交办问题的整改落实情况，并与监督执法人员进行面对面交流。他详细询问，"监督执法期间接到当地信访举报问题多吗？""热点网格监督运行效果如何？""怎样提前安排当天的监督执法计划？"在认真听取监督执法人员的反馈后，李干杰语重心长地说，老百姓的信访举报是最好的问题来源，汾渭平原开展大气污染强化监督工作要与京津冀及周边地区的工作方式有所区别。工作期间，应主动根据问题进行监督执法，既要认真受理群众举报，及时公开交办问题和问题整改情况，发挥全社会的监督作用，同时也要提高热点网格日常监管和执法检查的针对性和精准性，提高大气污染监管水平和效率。

在离开西安后，李干杰乘车来到被誉为"中国钼业之都"的陕西省渭南市华州区，当听到地方存在较多关停企业时，李干杰立即询问，"关停的企业占比有多少？""都是什么原因关停的？""当地是否存在治理污染'一刀切'的问题？"他对当地工作人员说，2018年以来，汾渭平原内多起突出问题相继被曝光，充分暴露出大气污染防治压力传导不到位、责任落实不到位等问题。针对重点区域、重点领域、重点问题开展生态环境强化监督工作，是一项新的长效机制，不是要搞"一刀切"，而是要精准治污，根本目的是要帮助地方发现生态环境问题，进而解决生态环境问题，改善生态环境质量。接受环境监督的地方政府及其相关部门要切实转变思想，把强化监督作为解决突出环境问题的契机，积极

配合开展工作。临行之前，他还将沿途发现的疑似涉气环境问题移交给当地工作人员进行调查核实。

听说部长来了，正在山西省运城市芮城县开展强化监督的工作人员都很兴奋。当听到大家表示对能够参加强化监督、为打赢蓝天保卫战贡献自己一份力量感到十分光荣的时候，李干杰说，我也为你们的付出感到骄傲，并代表生态环境部党组向大家表示慰问。打好污染防治攻坚战是一场大仗、硬仗、苦仗，必须有一支忠诚、干净、担当的干部队伍，大家在工作期间要坚定理想信念，练就生态环保人"金刚不坏之身"，严格落实中央八项规定精神，遵守环境监察人员"六不准"。希望大家共同努力，上下同心，牢记生态环保人的初心和使命，不负党和人民重托，砥砺前行、奋勇前进，按照习近平总书记强调的，咬紧牙关，爬过这个坡，迈过这道坎，以实际行动发挥自己的价值，作出自己应有的贡献。

国庆节上午，李干杰来到河南省三门峡市渑池县一家正在整改的砖窑厂，他俯身拿起地上的一块砖仔细查看砖的成分，并进入厂房内边看边问烧砖流程以及目前的整改情况："当地共有多少家砖窑厂？""一年能生产多少块砖，经济效益如何？"他强调，企业的生产环节众多，既要鼓励资源节约利用，也要从环保的角度进行管理，且务必要到位，保证大气排放达标。对于新发现的"散乱污"企业，要全面开展综合整治工作，加大监督执法力度。作为本次调研的最后一站，郑州市并不属于汾渭平原11个城市的范围，但2018年的空气质量排名并不乐观。进入秋冬季后，由于大气污染扩散条件偏差，大气污染治理也面临着新挑战。在巩义市，李干杰表示，要把严格落实重污染天气应急预案、有效应对重污染天气作为狠抓秋冬季大气污染综合治理的重要措施，坚持求真务实，以重点突破带动整体推进，实现没有水分的生态环境质量改善。同时，要突出重点，合理规划目标，把握好度，稳妥推进冬季清洁取暖工作，千万不要"毕其功于一役"。

据了解，自8月20日起，2018—2019年蓝天保卫战重点区域强化监督进入第二阶段，90个小组对汾渭平原的11个城市的83个县（市、区）进行监督执法，目前已开展到第9轮。

在国庆期间，生态环境部其他有关负责同志也前往河北省等地看望并慰问蓝天保卫战强化监督一线的工作人员。

发布时间
2018.10.9

生态环境部召开干部大会

　　10月8日，生态环境部召开干部大会。生态环境部党组书记、部长李干杰出席会议并讲话。他强调，生态环境部内设机构和人员转隶调整已经到位，新机构要有新气象新作为，必须以习近平新时代中国特色社会主义思想为指导，撸起袖子加油干，贯彻落实习近平生态文明思想和全国生态环境保护大会精神，坚决打好污染防治攻坚战。

　　李干杰指出，组建生态环境部是以习近平同志为核心的党中央站在党和国家事业发展全局、适应新时代中国特色社会主义建设与发展需要作出的重大决策部署，是着眼实现全面深化改革总目标的重大制度安排，是推进国家治理体系和治理能力现代化的一场深刻变革，对推进新时代生态文明建设、不断满足人民日益增长的优美生态环境需要、保障高质量发展与高水平保护协同共进、巩固我国全球生态文明建设地位和作用具有重大的现实意义和深远的历史意义。

　　李干杰说，组建生态环境部，按照山水林田湖草是一个生命共同体的理念，以生态系统整体性、系统性及其内在规律为基本遵循，以改善生态环境质量为目标，以解决现行生态环境保护管理体制存在的突出问题为导向，整合政府部门分散的生态环境保护职责，统筹生态保护与污染防治，统一行使生态和城乡各类污染排放监管与行政执法职责，是我国生态环境保护历史上又一个重要里程碑，必将推动生态环境保护事业发展迈向全新的历史阶段。

李干杰指出，生态环境部机构改革和干部队伍建设取得重要阶段性进展，《生态环境部职能配置、内设机构和人员编制规定》《生态环境部"三定"规定细化方案》印发实施，各司局和处室的干部调整和重新任命工作基本就绪。要做好新老司局过渡交接，维护团结稳定的工作局面，确保秩序不乱、工作不断、干劲不减。继续着力支持地方机构改革，持续推进生态环境保护综合执法队伍改革，统筹推进省以下监测监察执法机构垂改，确保按时保质完成各项改革任务。

李干杰说，打好污染防治攻坚战，实现既定的生态环境质量改善目标，使之与到2020年全面建成小康社会相适应，是党中央、国务院赋予生态环境系统的重大历史使命和政治任务。近年来，生态环境质量保持持续改善态势。但从总体上来看，我国生态环境保护仍滞后于经济社会发展，仍是"五位一体"总体布局中的短板，仍是广大人民群众关注的焦点问题，打好污染防治攻坚战面临诸多困难。当前，我国生态环境保护与经济发展形势的复杂性有所上升，加强生态环境保护、改善生态环境质量面临更大压力。必须保持战略定力，进一步增强信心和决心，坚持正确的策略和方法，发扬钉钉子精神，持之以恒、久久为功，确保既定政策措施落地见效。

李干杰强调，打好污染防治攻坚战是一场大仗、硬仗、苦仗，必须加快打造生态环境保护铁军。部机关各级干部要身先士卒、以上率下，发挥好头雁效应。

一是必须旗帜鲜明讲政治。要始终坚持把党的政治建设摆在首位，牢固树立"四个意识"，切实做到"两个坚决维护"，当好"三个表率"。认真组织开展"不忘初心、牢记使命"主题教育，做到学懂弄通做实习近平新时代中国特色社会主义思想，将习近平生态文明思想和全国生态环境保护大会精神真正融入于心、融入于脑、融入于行。融入业务工作抓党的政治建设，做到同部署同落实同

见效，实现协同共进、融合发展。

二是必须提高站位讲大局。要坚定不移地坚持以人民为中心的发展思想，全心全意为群众办实事、解难事，下决心解决好人民群众关心的突出环境问题。坚持问政于民、问需于民、问计于民，及时回应人民群众的关切。创新联系群众方法，多到基层去、到一线去、到群众中去，使生态环境保护工作始终建立在深厚的人心民意基础上。

三是必须真抓实干讲作为。要坚持稳中求进、坚持统筹兼顾、坚持综合施策、坚持两手发力、坚持突出重点和坚持求真务实，扑下身子抓落实，把中央确定的顶层设计路线图有力、有序、有效地转化成施工图和实际成效。加大对党中

央、国务院决策部署的督查督办力度，推动各项政策措施在生态环境领域落地生效。对群众信访和污染投诉举报反映的问题线索实行拉条挂账，跟踪督办整改到位。

四是必须牢记使命讲担当。要保持负责、担当、进取、向上的精神状态，敢挑重担、敢闯难关、敢涉险滩，突出问题导向，奔着问题去，盯着问题干，拿出硬措施、硬办法，不解决问题绝不鸣锣收兵。建立健全激励和容错机制，为担当者担当，让有为者有位，进一步鼓励和保护广大干部干事创业的热情，树立正确的导向和良好的风气。

五是必须根治"四风"讲作风。要以正在开展的"以案为鉴，营造良好政治生态"专项治理为契机，根治影响干部队伍建设的作风顽疾，使生态环境保护铁军有"精、气、神"，形成排山倒海、摧枯拉朽的硬实力。

会上，举行了生态环境部国家工作人员宪法宣誓仪式，李干杰监誓。仪式开始，全体参会人员起立，奏唱中华人民共和国国歌。随后，领誓人左手抚按宪法，右手举拳，领诵誓词；其他宣誓人举起右拳，跟诵誓词。

会议由生态环境部副部长黄润秋主持。生态环境部党组成员、副部长翟青通报了部党组专题民主生活会情况，生态环境部党组成员、副部长赵英民宣布了部机关各部门主要负责人。

生态环境部党组成员、副部长刘华，中央纪委国家监委驻生态环境部纪检监察组组长、部党组成员吴海英，部党组成员、副部长庄国泰出席会议。

本次会议以视频形式召开。生态环境部领导、驻部纪检监察组、部机关各部门及部分部属单位司局级干部在主会场参会；驻部纪检监察组、部机关各部门和部分部属单位处级干部以及其他部属单位处级及以上干部在分会场参会。

发布时间
2018.10.11

收藏啦！生态环境部发布全国环保设施向公众开放工作统一标识

为进一步推动全国环保设施和城市污水垃圾处理设施向公众开放工作，生态环境部10月11日发布全国环保设施向公众开放工作统一标识。

标识以金文大篆体"开"字为基础，衍生设计为两片绿叶和两个携手人形，寓意环保设施大门向公众开放，体现政府、企业与公众携手保护生态环境的理念。

环保设施向公众开放
Environmental Facilities Opening To Public

为集思广益，在标识设计过程中面向全社会开展了"环保设施向公众开放LOGO征集活动"。活动共收到来自北京、河北、黑龙江、吉林、辽宁、河南、湖北、湖南、山东、山西、福建、浙江等29个省（自治区、直辖市）的作品共500余幅（组）。

经评审，选出特等奖1名、一等奖2名、二等奖6名、三等奖16名，共计25幅（组）作品入围。

发布时间
2018.10.12

2018年全国辐射安全监管工作座谈会召开

10月11—12日，生态环境部（国家核安全局）在北京召开2018年全国辐射安全监管工作座谈会。生态环境部副部长、国家核安全局局长刘华出席会议并讲话。

会议提出，核与辐射安全是生态环境保护的重要领域，是生态文明建设的重要保障。全系统要以习近平生态文明思想为指导，引领带动各项核与辐射安全监管工作。一要提高政治站位，提高核与辐射安全监管的责任感和使命感；二要准确把握新形势新要求，增强核与辐射安全风险意识；三要强化队伍建设紧迫感，打造核与辐射安全监管铁军。

会议充分肯定了近一年来核与辐射安全监管领域的各项重点工作。一是深入推进"放管服"改革，加强事中事后监管；二是颁布实施《核安全法》，法律法规体系进一步完善，依法治核理念全面加强；三是构建了核与辐射安全管理体系，进一步规范行政行为；四是持续提升辐射环境监测能力和事故应急响应能力。

会议要求，要群策群力、攻坚克难，全面加强监管工作。一要抓住机构改革机遇，强化核与辐射安全监管机构设置和能力建设；二要积极推进伴生放射性矿普查和监管；三要开展核安全规划中期评估工作；四要深化核技术利用监管改

革，启动辐射安全防护培训改革，开展辐射安全管理标准化建设，规范豁免备案工作。

生态环境部相关司局、各地区核与辐射安全监督站和技术支持单位、解放军有关单位、各省（区、市）生态环境保护主管部门相关负责人出席了会议。

发布时间

2018.10.12

生态环境部召开全国集中式饮用水水源地环保专项行动第三次视频会议

10月11日，全国集中式饮用水水源地环保专项行动2018年第三次视频会议召开，标志着2018年的整治工作正式进入"倒计时"阶段。

这次视频会安排在第二轮水源地专项督查顺利完成之后召开，就是要紧扣专项督查发现的突出问题并作出针对性部署，切实推动打好水源地保护攻坚战。

为确保整改顺利推进，生态环境部部长李干杰已于近期致信尚未完成水源地整治任务的相关省级政府主要负责同志，请其高度关注并督促整治。

整改完成率达74%，11省份达到序时进度

根据安排，2018年年底前，长江经济带县级及以上城市水源地、其他省份地市级水源地要完成整治，涉及31个省份276个地市1586个水源地6251个环境问题，任务十分艰巨。

从10月10日的最新调度情况看，6251个问题中，已完成整治的4640个，完成比例为74%。与上次视频会通报情况相比，任务完成率从6月底的31%提高到74%，增加了43个百分点；"零进展"问题数由497个下降到0个。

分省份来看，上海、宁夏、湖南、山东、湖北、浙江、河南、新疆、福建、

云南、吉林11省（市、区）整治工作深入推进，任务完成比例达到序时进度的要求。其中，上海已于2017年年底前率先完成水源地整治任务，宁夏于2018年8月底前完成地级城市水源地问题整改，湖南完成率为97%，山东为90%，湖北为87%，浙江为85%，河南为83%。

从各地市看，有138个城市任务完成量达到75%以上，达到序时进度，占地市总数的50%左右。其中，长沙等44个城市已完成所有问题整改，任务完成率达到100%。

成绩的背后，是生态环境部坚决贯彻落实中央明确的打好污染防治攻坚战七大标志性战役要求，在4个月内连续开展2次专项督查，对相关水源地环境问题紧盯不放，督促地方政府落实主体责任，持续推动问题整改。

成绩的背后，是地方党委、政府持续发力。北京、天津、河北、山西、内蒙古、黑龙江、吉林、辽宁、山东等多地党政负责同志作出批示推进整改。

成绩的背后，是相关地市创新推进。湖南将水源地保护纳入为民办实事工程，湖北将之作为长江大保护十大标志性战役之一，浙江省环保厅、水利厅集中约谈7个整治滞后的县（市、区）政府"一把手"。

余下的多是"硬骨头"，任务依然艰巨

在充分肯定专项行动成效的同时，生态环境部有关负责人也提醒参会的地市形势依然十分严峻，尤其是2018年的工作任务依然艰巨繁重。

即使按照最新调度情况，仍有超过四成的省份工作进度没有达到序时进度（75%）的要求；在全国276个地市中，还有1/5的地市（52个）任务完成率不到50%。其中，安徽铜陵、甘肃临夏、贵州六盘水、西藏那曲4个地市至今仍未完成任何一项问题整治。

根据调度情况，任务完成比例比较低的省份包括青海（53%）、贵州（55%）、甘肃（58%）、黑龙江（58%）。剩余1611个问题中，5个省（区）问题数过百，包括广东318个、广西125个、江苏113个、云南108个、陕西102个。

"余下的问题多是'硬骨头'。"生态环境部有关负责人语重心长地提醒大家，剩下的1611个解决起来难度更大，需要进一步咬紧牙关、攻坚克难。

"硬骨头"硬在涉及范围广。生态环境执法局有关负责人告诉记者，初步分析发现，未完成问题中涉及农村生产、生活面源污染的约占50%，因涉及资金落实、工程建设，同时牵涉家家户户老百姓，协调解决难度确实比较大。

"硬骨头"硬在协调难度大。针对专项督查发现的一些水源保护区因涉及跨界问题存在的推诿扯皮现象，当天的视频会明确要求，水源地在谁那，谁就有主体责任，就要主动去协调、去解决，涉及的地区也要主动配合。

部长专门致信，请相关省份加大整治力度

9月1—28日开展的第二轮水源地专项督查发现，部分地区统筹协调不够、工作推进不够有力，一些地市因前期抓得不紧导致后期被动。

在前两年开展的长江经济带地级水源地问题整治中，个别地方也曾出现这种情况，由于工期统筹协调不够，直到最后一天下午才完成整治任务。

基于此，会议发出警示，现在剩下不到3个月时间，如果还不抓紧，到最后两个月、一个月将面临更大的困难。

据悉，针对专项督查发现的一些突出问题，生态环境部部长李干杰已于近日致信给尚未完成水源地整治任务的相关省级政府主要负责人，希望加大力度推动问题解决。

生态环境部将继续强化提高政治站位、倒排工期、彻底信息公开、开好两类

会议、建立包保机制、强化技术支撑、集中强化督查、加强信息沟通、强化督促问责9项工作。

会议特别强调了倒排工期的重要性，接下来已经进入倒计时阶段，必须更加争分夺秒、全力推进，尽可能把整治时限往前提，给后期可能出现的变化留出空间和余地。

为了进一步传导压力，从11月开始，生态环境部要求各省级环保厅每半个月报送一次进展。到12月如果还有未完成的问题，调度频次将进一步加密，按周、按日调度。

在开好视频会的基础上，生态环境部还将组织不定期的片会和现场会，主要针对重点问题和重点地区召开。

生态环境执法局相关负责人强调，如果到最后还有地市不能完成任务，将严格按照专项行动方案要求启动问责程序。

按照惯例，此次视频会仍然只请未完成任务的地方参会。"下次会议，希望有更多的省市不用来参会。"生态环境部有关负责人对下一步整治工作提出了殷切期望。

发布时间
2018.10.15

生态环境部印发《打好污染防治攻坚战宣传工作方案（2018—2020年）》

　　为进一步推动生态环境宣传工作上台阶、上水平，营造打好污染防治攻坚战良好舆论氛围，形成人人关心、支持、参与生态环境保护工作的局面，生态环境部日前印发《打好污染防治攻坚战宣传工作方案（2018—2020年）》（以下简称《方案》）。

　　《方案》对全国生态环保系统贯彻落实打好污染防治攻坚战宣传工作进行了全面系统的部署，明确了工作的指导思想、基本原则和工作目标。要求到2020年，习近平生态文明思想更加深入人心，"绿水青山就是金山银山"的理念进一步牢固树立，公众生态环境素养显著提升，尊重自然、顺应自然、保护自然的社会共识基本形成。广大人民群众把对美好生态环境的向往转化为行动自觉，积极主动践行绿色发展方式和生活方式，推动建成全民支持、参与打好污染防治攻坚战的全社会行动格局。

　　《方案》明确了6项主要任务。一是大力宣传习近平生态文明思想和全国生态环境保护大会的重大意义；二是大力宣传生态环境保护形势"三期叠加"的重大战略判断；三是大力宣传构建生态文明五大体系；四是大力宣传打好污染防治攻坚战的目标任务和政策举措；五是大力宣传加强党对生态文明建设的领导；六

是大力宣传党中央对生态环境保护队伍建设的期望和要求。

《方案》要求，各级生态环境部门要着力做好5方面的重点工作。

一要牢牢把握新闻宣传的话语权和主导权，唱响生态文明建设主旋律。省级生态环境部门要建立新闻发言人制度，至少每2个月召开一次例行新闻发布会。

二要始终占领网络传播主阵地，打好生态环境舆论主动仗。用好政务新媒体，及时发布打好污染防治攻坚战的权威信息。各省级、各地市级生态环境部门要在门户网站和新媒体平台开设"曝光台"栏目，主动曝光违法违规排污等突出问题以及整改进展情况。

三要全面增强讲好中国生态环境保护故事的本领，不断提高传播力、感染力、影响力。推出一批践行绿色低碳生活方式的先进典型。省级生态环境部门每年至少推出10种宣传品。

四要充分宣传发动全社会共同行动，壮大生态环境保护事业统一战线。深入开展"美丽中国，我是行动者"主题实践活动。到2020年年底前，地级及以上城市符合条件的环保设施和城市污水、垃圾处理设施向社会开放。引导环保社会组织积极支持参与打好污染防治攻坚战。

五要加强生态环保系统全面从严治党宣传工作，以政治生态的风清气正促进自然生态的天朗气清。

《方案》要求，各级生态环境部门主要负责同志要带头抓宣传，带头接受媒体采访，当好"第一新闻发言人"；改进工作方式方法，善于借力顺势，主动出击；加强宣教工作能力建设，加大宣教干部培养力度，保障必要的宣教工作经费。各省级生态环境部门要抓紧编制打好污染防治攻坚战宣传工作实施方案。生态环境部将根据各省份实施方案确定的目标任务定期组织督导，评估任务完成情况和实施效果，并对评估结果进行通报。

发布时间
2018.10.17

生态环境部部长率团出席全球适应委员会启动仪式

10月16日，全球适应委员会（以下简称"委员会"）启动仪式暨首次会议在荷兰海牙举行。会议由荷兰基础设施与水管理大臣科拉·范纽文豪岑女士主持，荷兰首相吕特出席启动仪式并讲话，生态环境部部长李干杰代表中方在启动仪式上致辞，并与在场委员就委员会未来发展及拟于2019年发布的旗舰报告等进行了讨论。

李干杰在致辞中指出，中国政府高度重视应对气候变化，采取减缓和适应并重的策略，把适应气候变化作为积极应对气候变化国家战略的重要组成部分，纳入国民经济和社会发展中长期规划，不断强化适应行动和实践。中方对荷兰政府及有关方面为发起成立委员会所做的工作表示赞赏，愿与各方一道，积极支持委员会为全球适应气候变化贡献解决方案，助力《巴黎协定》落实；呼吁国际社会高度重视适应气候变化问题，切实为发展中国家适应气候变化提供资金、技术、能力建设支持，帮助发展中国家提升适应能力和行动效果。

在委员会首次会议上，李干杰阐述了中国对适应气候变化问题的立场，介绍了中国适应气候变化的形势和采取的措施，并就全球适应委员会的建设和发展提出三点建议：一是推动各方将适应摆在应对气候变化国际合作的突出位置，促进大规模、变革性的适应行动和伙伴关系；二是着力发挥适应气候变化国际合作的

纽带和平台作用，促进适应气候变化经验和技术的全球交流和推广；三是推动国际社会加强对发展中国家适应行动的支持，有效满足发展中国家的适应需求。

随后，李干杰与荷兰基础设施和水管理大臣科拉·范纽文豪岑女士举行双边会见。双方回顾了中荷在气候变化和环境保护领域的合作情况，并一致同意进一步加强适应气候变化、水管理、循环经济、智慧交通、绿色交通等领域的交流合作。此外，应荷方邀请，李干杰还听取了鹿特丹市政府及有关企业关于适应气候变化经验的介绍。

全球适应委员会由荷兰发起并推动成立，包括荷兰在内的17个国家同意成为委员会联合发起国，由28位在全球拥有重要影响力和广泛声誉的人士担任委员。委员会旨在提出前瞻性的适应气候变化战略愿景，推动国际社会提高适应行动力度和加强伙伴关系，以帮助气候脆弱型国家提升气候适应力，实现可持续发展目标。

发布时间
2018.10.22

15个黑臭水体整治巡查组完成进驻

2018年10月22日，生态环境部联合住房和城乡建设部开展城市黑臭水体整治专项巡查，15个巡查组已进驻14省（自治区、直辖市，其中广东涉及两个组）开展专项巡查工作。10月22日，11个巡查组与所巡查省、市两级政府及相关部门举行对接会，听取各省工作情况介绍，安排部署现场巡查工作。

各省（自治区、直辖市）政府相关同志介绍了当地黑臭水体整治工作总体情况：

上海市制定了污染防治攻坚战11个专项行动方案，其中城市黑臭水体整治已纳入"清水行动"实施方案中，明确于2018年年底全面消除河道黑臭；

广东省建立了月调度、季通报、年度考核制度，对重点水体实行挂牌督办，推动各地加快治理工作；

河北省结合城市污水收集设施补短板工作，制定了《河北省城市市政老旧管网三年改造行动实施方案》；

山东省在基本完成设区市建成区黑臭水体治理的基础上，将黑臭水体治理范围扩展到县（市）建成区、建制镇建成区和农村，实现了全域黑臭水体治理；

辽宁省由环保厅领导带队组织专门队伍对鞍山、丹东、锦州等7个城市开展黑臭水体督查；

黑龙江省对齐齐哈尔昂昂溪区纳污坑塘黑臭水体环境污染问题挂牌督办，提出了制定纳污坑塘综合治理方案、制止生活污水直排、停止工业废水排放和谋划汛期应急措施等要求；

湖北省组织编制了《城市"黑臭水体"整治"一河一策"编制工作指南》；

甘肃省17条黑臭水体，已经全部完成了整治，正在进行效果评估。

发布时间
2018.10.23

第一批中央环境保护督察"回头看"完成督察反馈工作

经党中央、国务院批准，2018年10月16—23日，第一批河北、内蒙古、黑龙江、江苏、江西、河南、广东、广西、云南、宁夏10省（区）中央环境保护督察"回头看"全部完成督察反馈工作。反馈会均由省（区）政府主要领导主持，督察组组长宣读反馈意见，省（区）党委书记作表态讲话。

此次督察反馈意见体现了四个方面的突出特点：

一是坚持问题导向。将"回头看"发现的问题按照问题的性质和严重程度进行梳理分类，逐一列明地方在督察整改中存在的思想认识不到位，以及敷衍整改、表面整改、假装整改和"一刀切"等情况，并同步移交66个生态环境损害责任追究问题。

二是统筹两个重点。既围绕中央环保督察整改情况开展"回头看"，又针对各地污染防治攻坚战重点领域开展专项督察；既咬住督察整改不力问题不放，不解决问题决不松手，又加强重点领域专项督察，聚焦精准深入，传导压力，压实责任。

三是突出典型案例。在"回头看"进驻期间公开53个典型案例的基础上，反馈期间又公开了21个典型案例，通过典型案例更好地聚焦突出问题，回应社会关

切，发挥震慑效果。

四是注重客观评价。根据各督察组督察实际情况，客观评价10省（区）第一轮中央环境保护督察整改效果，有的取得显著成效，有的取得重要成效，有的取得积极成效，有的取得一定成效。

总的来看，各地高度重视中央环境保护督察工作，将督察整改作为重大政治任务、重大民生工程、重大发展问题来抓，强化部署推动，切实解决问题，注重长效机制，推进高质量发展，并取得明显的整改效果。但也发现许多问题和不足，特别是一些共性问题需要引起高度重视。

一是思想认识仍不到位，一些地方和部门尚未真正树立"绿水青山就是金山银山"的理念，存在重发展、轻保护的问题。

二是敷衍整改较为多见，整改要求和工作措施没有真正落到实处，甚至敷衍应对。

三是表面整改时有发生，一些地方和部门放松整改要求，避重就轻，做表面文章，导致问题得不到有效解决。

四是假装整改依然存在，有的在整改工作中弄虚作假、谎报情况，有的假整改、真销号，有的甚至顶风而上，性质恶劣。

"回头看"开展以来，10省（区）党委、政府高度重视，进一步加大整改力度。广东省坚决压实责任，特别是针对固体废物跨省转移问题和茅洲河、练江等重点流域污染防治加大工作力度；河北省在督察反馈后两天三次召开整改部署会议，要求全面彻底迅速整改；宁夏回族自治区工业和信息化厅党组部署召开专题民主生活会，要求"认真反思，有错即改"；云南丽江、江苏镇江分别针对拉市海高原湿地、长江豚类等自然保护区违法建设问题迅速整改，加快拆除有关项目和设施。各地还针对公开的典型案例，迅速开展问责调查，针对督察进驻期间公开的53个典型案例，相关地方已主动问责513人，其中厅级干部17人、处级干部132人，有效传导了压力。

根据党中央、国务院要求，生态环境部将继续做好各地督察整改工作的分析、调度和现场抽查。针对督察整改中存在的问题，视情采取函告、通报、约谈、专项督察等措施，对问题咬住不放、一盯到底，以督察整改的实际成效取信于民。

发布时间
2018.10.24

生态环境部召开全面深化改革领导小组全体会议

　　10月24日，生态环境部党组书记、部长李干杰主持召开生态环境部全面深化改革领导小组暨推进职能转变协调小组全体会议，回顾学习习近平总书记2018年以来主持召开的5次中央全面深化改革委员会（领导小组）会议精神，研究部署生态环境保护领域相关改革工作。

　　会议指出，党的十八大以来，在以习近平同志为核心的党中央的坚强领导下，在习近平新时代中国特色社会主义思想的指引下，我国生态环境领域改革取得积极进展，为生态文明建设和生态环境保护取得历史性成就、发生历史性变革提供了重要保障。2018年以来，习近平总书记先后5次主持召开中央全面深化改革委员会（领导小组）会议，就2018年改革安排部署、深化党和国家机构改革、狠抓改革落实等发表重要讲话，思想深刻、重点突出、要求明确、一以贯之，是当前和今后一个时期推动生态环保领域改革的思想指引和行动指南。

　　会议强调，2018年是贯彻党的十九大精神的开局之年，是改革开放40周年，做好改革各项工作意义重大。要将思想和行动统一到习近平总书记重要讲话和中央全面深化改革精神上来，在学深悟透的基础上，科学把握正确的改革认识论和方法论，不折不扣地贯彻执行，统筹推进生态环境领域全面深化改革和"放管服"改革工作。主要负责同志要亲力亲为抓改革，扑下身子抓落实，确保改革取得预期成效。

会议要求，要从讲政治的高度坚决落实好中央确定的改革任务。进一步完善具体落实方案，列出时间表、路线图和责任状，确保按时高质量完成各项改革任务。把握好工作重点，做到大局小局一盘棋，将列入《中央全面深化改革领导小组2018年工作要点》和国务院《全国深化"放管服"改革转变政府职能电视电话会议重点任务分工方案》的重点改革任务摆在优先位置，全力推进落地见效。

会议强调，要认真查找改革推进的薄弱环节、工作短板，对症下药，坚决突破"中梗阻"，打通"最后一公里"。对党的十八大以来中央确定的由生态环境部牵头出台的所有改革文件的落实情况进行全面梳理，定期对改革任务完成情况进行调度督促。要对改革任务逐项自查，抓紧出台相关实施细则，制定相关配套文件。对已取得实际成效的继续巩固扩大改革成果，对已部署改革试点的及时总结评估和复制推广经验。

会议要求，要紧盯全面深化改革和"放管服"改革各项目标，厘清责任链条，拧紧责任螺丝，提高履责效能，严格落实改革责任。各单位一把手要把推进负责领域的改革作为主责主业，做到重要改革亲自部署、重大方案亲自把关、关键环节亲自协调、落实情况亲自检查。要强化压力传导，定期开展自查，确保每项改革任务有人盯、有人抓。要加强对改革工作的组织领导，抓好改革任务统筹协调，注重改革的系统性、整体性、协同性。要严格责任追究，对改革进度慢、落实不到位、问题未整改的坚决通报批评，对敷衍塞责、推诿扯皮、延误改革的严肃追责问责。

会议还听取了部改革办关于中央重点改革任务落实情况、改革督察工作计划、拟新列入中央改革任务建议的汇报，部垂改办关于省以下环保机构监测监察

执法垂直管理制度改革进展情况及下一步工作打算的汇报，生态司关于"推进生态保护红线划定"工作进展情况的汇报；审议并原则通过了《生态环境部全面深化改革领导小组工作规则》《生态环境部全面深化改革领导小组办公室工作规则》《关于调整设置生态环境部全面深化改革领导小组及其办公室成员的通知》《关于调整设置生态环境部推进职能转变协调小组及其办公室成员的通知》《生态环境部2018年全面深化改革督察工作计划》《生态环境部2018年全面深化改革重点工作要点》《生态环境部落实2018年全国深化"放管服"改革转变政府职能电视电话会议重点任务分工方案》。

　　生态环境部副部长黄润秋，部党组成员、副部长庄国泰出席会议。

　　生态环境部机关各部门主要负责同志参加会议。

发布时间
2018.10.27

生态环境部召开重点地区 2018—2019 年秋冬季大气污染综合治理攻坚行动宣传工作动员会

10月26日，生态环境部在北京召开重点地区2018—2019年秋冬季大气污染综合治理攻坚行动宣传工作动员会，生态环境部有关负责同志出席会议并讲话。

会议指出，生态环境宣传工作是打好污染防治攻坚战的前沿阵地和重要组成部分。当前，我国生态环境质量改善取得积极成效，但是仍然面临多重挑战，攻坚行动重点地区舆情形势敏感复杂，舆论引导工作任务繁重。生态环境宣传部门要担当秋冬季攻坚行动的主力军和冲锋队，要大力宣传攻坚行动的措施、工作进展和取得的成效，广泛动员全社会的力量参与生态环境保护，为攻坚行动做好强有力的保障，提供强大的精神动力，营造良好的舆论氛围。

会议强调，京津冀及周边地区、长三角和汾渭平原等是大气污染防治的重点地区，也是攻坚行动的主战场，要准确把握宣传工作重点任务，在宣传方面也要作榜样、作表率、作示范。要做好新闻发布，加强议题设置。各重点地区要每月召开一次例行新闻发布会，主动曝光不作为、乱作为的典型违法案件，围绕攻坚行动组织采访报道，宣传治理成效，增强人们信心。要充分用好环保政务新媒体，充分发挥其在新闻宣传、舆论引导和资源整合方面的重要作用，重大信息

传播同频共振、整体发声。要充分宣传发动全社会共同行动，深入开展"美丽中国，我是行动者"主题实践活动，大力推进环保设施公众开放工作，带动更多群众参与到攻坚行动中。

会议要求，宣传工作要提高政治站位，旗帜鲜明讲政治。要明确责任，对于涉及地方生态环境部门的政务舆情要按照"属地管理、分级负责、谁主管谁负责"的原则及时回应。要把握好新闻宣传工作的时、度、效，切实提高宣传工作的吸引力、感染力、说服力。要进一步改进工作作风，严格落实"严、真、细、实、快"的工作要求，将工作落小、落细、落实。要增强基础能力，加大对宣传的人力、物力、财力投入。要主动作为，严肃问责，齐心合力打赢这场攻坚行动的宣传战。

会上，来自浙江省生态环境厅、四川省乐山市环保局的有关同志分别介绍"曝光台"的工作经验。京津冀及周边地区、长三角和汾渭平原重点地区的省（市）环境保护（生态环境）厅（局）分管宣教工作的负责同志介绍了本地攻坚行动宣传报道工作的安排和开展情况。

发布时间
2018.10.29

第二批中央生态环境保护督察"回头看"全面启动

为深入贯彻落实习近平生态文明思想和全国生态环境保护大会精神，按照中央全面深化改革委员会第一次会议部署，经党中央、国务院批准，近日，第二批中央生态环境保护督察"回头看"将全面启动。已组建5个中央生态环境保护督察组，组长由朱小丹、朱之鑫、吴新雄、李家祥、黄龙云等同志担任，副组长由生态环境部副部长黄润秋、翟青、赵英民、刘华等同志担任，采取"一托二"的方式，分别负责对山西、辽宁、吉林、安徽、山东、湖北、湖南、四川、贵州、陕西等省份开展"回头看"督察进驻工作。各督察组具体如下：

第一组：辽宁、吉林，组长朱小丹，副组长翟青。

第二组：山西、陕西，组长朱之鑫，副组长黄润秋。

第三组：安徽、山东，组长吴新雄，副组长翟青。

第四组：湖北、湖南，组长李家祥，副组长赵英民。

第五组：四川、贵州，组长黄龙云，副组长刘华。

根据要求，"回头看"将始终坚持问题导向，重点督察经党中央、国务院审核的第一轮中央环境保护督察整改方案的落实情况；重点盯住督察整改不力，甚至表面整改、假装整改、敷衍整改，以及"一刀切"等生态环境保护领域不作

为、乱作为的问题；重点检查列入督察整改方案的重大生态环境问题及其查处、整治情况；重点督办人民群众身边生态环境问题的整治情况；重点督察地方落实生态环境保护党政同责、一岗双责，严肃责任追究情况。同时，针对污染防治攻坚战七大标志性战役和其他重点领域，结合被督察省份具体情况，每个省份同步统筹安排1个生态环境保护专项督察，采取统一实施督察、统一报告反馈、分别移交移送的方

式，进一步压实责任、

倒逼落实，为打好污染防治攻坚战提供强大助力。

中央生态环境保护督察"回头看"进驻期间，各督察组将分别设立联系电话和邮政信箱，受理被督察省份生态环境保护方面的来信、来电举报。

扫码查看

中央生态环保督察"回头看"，来了！

生态环境部召开全国生态环境系统专题警示教育大会

发布时间
2018.10.29

10月27日，生态环境部召开全国生态环境系统专题警示教育大会，生态环境部党组书记、部长李干杰出席会议并做讲话。李干杰强调，要以习近平新时代中国特色社会主义思想为指导，认真学习贯彻习近平总书记重要批示精神以及中央和国家机关警示教育大会精神，深入开展"以案为鉴，营造良好政治生态"专项治理工作，推动全面从严治党工作向纵深发展，为打好污染防治攻坚战提供坚强有力的保障。

会上，中央纪委国家监委驻生态环境部纪检监察组组长、部党组成员吴海英首先通报了近年来中央和国家机关以及全国生态环境系统发生的违纪违法典型案例。

随后，李干杰传达了习近平总书记重要批示精神以及中央和国家机关警示教育大会精神。他指出，近年来，生态环境系统推进全面从严治党取得积极进展，但从违法违纪问题的查处情况来看，全国生态环境系统党风廉政建设和反腐败斗争的形势仍然严峻，全面从严治党工作依然任重道远。必须切实提高政治站位和政治觉悟，以通报的违纪违法典型案例为镜鉴，不断强化党性修养，始终坚守共产党人的政治品格、道德情操和纪律规矩，把管党治党的螺丝拧得更紧，不折不

扣地把全面从严治党各项要求落到实处。

李干杰强调，生态环境部门必须旗帜鲜明讲政治，以党的政治建设为统领，全面落实从严治党主体责任，牢固树立"四个意识"，坚定"四个自信"，做好"三个表率"，坚决扛起生态环境保护政治责任，建设让党中央放心、让人民满意的模范机关。

要把准政治方向，推动学习贯彻习近平新时代中国特色社会主义思想，特别是要把习近平生态文明思想不断往深里走、往实里走、往心里走，用习近平新时代中国特色社会主义思想武装头脑。

要坚定政治立场，坚持以人民为中心的发展思想，贯彻党的群众路线，坚决打好污染防治攻坚战。

要强化政德修养，始终秉承家国情怀、民族情怀、为民情怀、事业情怀，明大德、守公德、严私德，不断夯实拒腐防变的思想道德防线。

要严明政治纪律，严格执行党的政治纪律和政治规矩，锲而不舍地落实中央八项规定及实施细则精神，持续整治"四风"突出问题，打造生态环境保护铁军。

李干杰要求，要以"以案为鉴，营造良好政治生态"专项治理工作为抓手，深入开展自查和剖析，切实抓好整改落实，务求专项治理工作取得实效。

要加强纪律教育，深入学习《中国共产党纪律处分条例》等党内法规，继续打好典型案例通报曝光—支部座谈会—专题民主生活会的"组合拳"，充分发挥"一图一故事"、警示教育专题片及廉政短剧等正面典型引导和反面典型警示教育作用。

要健全长效机制，强化教育管理监督措施，形成落实监管责任闭环系统，贯彻好《中共中央办公厅关于进一步激励广大干部新时代新担当新作为的意见》精神，建立健全容错纠错机制，旗帜鲜明地为敢于担当的干部撑腰鼓劲。

要强化责任落实，把管党治党"两个责任"落实到业务工作全过程，坚定不移深化政治巡视，细化日常监督责任，加强对全面从严治党责任书承诺事项的考评。

要严格监督执纪，精准运用监督执纪"四种形态"，加强日常监督，深化标本兼治，强化不敢腐的震慑，扎牢不能腐的笼子，增强不想腐的自觉。

李干杰指出，开展形式主义、官僚主义集中整治，是学习贯彻习近平新时代中国特色社会主义思想和党的十九大精神、以实际行动践行"两个坚决维护"的重要举措和具体行动。

必须坚决落实中央纪委办公厅印发的《关于贯彻落实习近平总书记重要指示精神　集中整治形式主义、官僚主义的工作意见》，强化精准思维，聚焦突出问题，切实把整治工作抓紧抓好抓出实效。

要深入调研排查，摸清查摆存在的形式主义、官僚主义突出问题，剖析危害和根源，拿出管用的办法精准施策。

要畅通监督举报渠道，充分发挥群众监督和媒体监督作用，及时发现形式主义、官僚主义问题线索。

要强化纠正整改，对照查摆出的形式主义、官僚主义现象和问题，逐项整改并不断巩固整改成效。

要严肃执纪问责，认真查办问题线索，抓住"关键少数"，加大监督执纪力度，公开曝光典型案例。在污染防治和环保问责工作中，深挖细查因不担当、不作为、乱作为等形式主义、官僚主义问题造成严重后果的违纪违法行为。

李干杰强调，"一刀切"行为是生态环境领域中的严重形式主义、官僚主义，必须旗帜鲜明、坚决反对、有效遏制、及时消除。总体要求是以习近平新时代中国特色社会主义思想为指导，深入贯彻落实习近平生态文明思想和全国生态环境保护大会精神，以改善生态环境质量为核心，针对污染防治的重点领域、重点地区、重点时段和重点任务，分类指导、精准施策、依法监管，坚决反对"一律关停""先停再说"等敷衍应对做法，坚决避免以生态环境为借口紧急停工停业停产等简单粗暴行为，坚决遏制假借生态环境等名义开展违法违规活动。

李干杰要求，要禁止民生领域"一刀切"，坚持民生优先、充分保障，积极稳妥推进清洁取暖，确保群众温暖过冬、清洁取暖；积极稳妥推进燃煤锅炉综合整治和餐饮、洗涤、修理等生活服务业污染治理，加强监督管理和指导服务。

要禁止"散乱污"企业整治"一刀切"，科学制定、严格执行"散乱污"企业界定标准，实施分类分步有序监管。

要禁止错峰生产"一刀切"，细化错峰生产方案，实施差别化管理，重点对高排放行业中不达标或不满足环保要求的企业实施错峰生产。

要禁止考核算账搞"一刀切"，正确对待污染防治攻坚战各项年度目标任务考核，注重日常工作落实和政策落地，注重平时调度预警提醒。

要禁止监管执法"一刀切"，坚持依法行政，全面推行"双随机，一公开"制度，提高监督执法的针对性、科学性、有效性，保护企业合法权益。

要禁止以督察为由"一刀切"，把工作做在平时，对符合生态环境保护要求的企业不得采取集中停产整治措施。

同时，各地要压实党政责任、加强信息公开、畅通信访举报、规范自由裁量权、严肃追责问责，强化禁止"一刀切"的保障措施。

李干杰最后通报了"以案为鉴，营造良好政治生态"专项治理生态环境部党组专题民主生活会情况。他强调，各级党组织要认真召开好专题民主生活会或组织生活会，围绕孟伟严重违纪案件以及会议通报的典型违纪违法案件深刻剖析危害和影响，认真吸取教训，找准问题和差距，严肃开展批评和自我批评，提出具体措施并扎实整改，务求取得实效。

会议采取视频方式召开。在生态环境部设立主会场，在省级环保部门，有条件的地市级、区县级环保部门，以及生态环境部派出机构和直属单位设分会场，共23000多人参加会议。

生态环境部党组成员、副部长翟青主持会议。生态环境部副部长黄润秋，生态环境部党组成员、副部长赵英民、刘华、庄国泰出席会议。

各省级环保部门，驻生态环境部纪检监察组，部机关各部门，各派出机构、直属单位主要负责同志在主会场参加会议。各省级环保部门处级及以上领导干部，地市级及县（市、区）级环保部门领导班子成员，生态环境部机关各部门，各派出机构、直属单位全体干部，参加第二批中央生态环保督察"回头看"的全体人员在分会场参会。

生态环境部通报表扬安徽、福建、广西 3 地环境违法犯罪案件办理工作

发布时间
2018.10.30

日前，生态环境部就3起跨省非法转移倾倒废物污染环境犯罪案件办理工作，通报表扬安徽、福建、广西3地环保部门。

2018年以来，安徽芜湖、福建浦城、广西藤县先后发生工业固体废物、危险废物跨省非法转移、倾倒污染环境案件，给当地生态环境和人民群众生产生活造成严重影响。安徽省、福建省、广西壮族自治区环保部门在案件查办过程中，充分发扬特别能吃苦、特别能战斗、特别能奉献的生态环境保护铁军精神，省、市、县三级环保部门通力合作，监察执法、环境监测、固体废物管理、应急管理等部门密切配合，部署周密、措施果断、行动迅速，通过运用"两法衔接"机制，强化刑事打击手段，切实发挥刑责治污的惩戒和警示作用。以对党和人民高度负责的态度和担当意识，攻坚克难，勇查大案要案，为全国环境执法工作树立了标杆和榜样。

生态环境部通报的3起污染环境犯罪案件如下：

安徽芜湖跨省倾倒工业固体废物污染环境案。2018年1月11日，芜湖市环保部门接到群众举报，芜湖大桥经济技术开发区高安街道阴山矿坑被非法倾倒大量工业固体废物。芜湖市环保部门立即联合当地公安、城管、街道办赶赴现场勘察，对固体废物倾倒现场实施证据固定和快速取样监测，初步判定为含有有害物质的工业固体废物。环保部门依法向公安机关移送案件，与公安机关联合成立专案组，对案件全力侦办，并及时启动倾倒固体废物的生态环境损坏评估和无害化处置工作。在安徽省环保厅现场指导下，芜湖市环保部门以现场倾倒固体废物成分分析为突破口，开展溯源调查，多次派出工作组分赴浙江杭州和嘉兴等地采样监测、固定证据。此案已查实涉案固体废物总量达5000余吨，抓获涉案犯罪嫌疑人14人。目前，案件已移交检察机关审查起诉。

福建浦城"3·9"跨省倾倒有毒物质污染环境案。2018年3月9日晚，浦城县环保局在对浦溪流域夜间巡查时发现涉嫌非法倾倒固体废物情况。浦城县环保局迅速启动污染监察预警响应机制，立即增派执法人员和监测人员赶赴现场展开调查取证，对倾倒的固体废物及渗滤液进行采样监测，并依法将该案移送当地公安机关。福建省环保部门和公安、检察机关高度重视，立即启动重大案件响应机制，派员前往浦城县指导案件办理。经环保部门、公安机关执法人员多次前往衢州等地调查取证，最终锁定涉案固体废物来自浙江一硫酸厂。此案共查实固体废物非法倾倒总量约4820吨。经鉴定，其中131.7吨为具有毒性的危险废物，4667.6吨为含重金属污染物。公安机关共抓获9名犯罪嫌疑人，此案已移送检察机关审查起诉。

广西藤县"3·16"跨省倾倒危险废物污染环境案。2018年3月16日，藤县环保局接到有可疑车辆在中和陶瓷产业园倾倒固体废物的报告。藤县环保局立即派员赴现场调查，并会同交警部门查扣可疑车辆。广西壮族自治区环保厅组织监察执法和重金属污染防治、固体废物管理、环境监测、环境应急等部门骨干力量迅速赶赴现场，指导当地开展调查处置工作。梧州市环保局按部门联动机制，第一时间将案情向公安机关、检察机关通报，并协调指导开展相关工作。通过询问货

车司机，调阅车载GPS运行轨迹，查明涉案企业位于广东省江门市。在掌握确凿证据后，广西、广东公安机关联合行动，共抓获犯罪嫌疑人10余名。现已查明，涉案危险废物合计793.51吨。目前，案件正在进一步侦办中。

生态环境部要求各省（区、市）环保部门要以先进为榜样，不断加大环境执法力度，以"零容忍"的高压态势严厉打击各类环境违法犯罪行为，切实保障人民群众的环境权益，为打好污染防治攻坚战作出积极贡献。

本月盘点

微博：本月发稿445条，阅读量61456534；

微信：本月发稿344条，阅读量2481732。

11月

- 生态环境部部长深夜暗查河北省保定市重污染天气应急预案情况
- "中法环境年"启动活动在北京举行
- 生态环境部"两微"两周年，感谢有你！

2018

生态环境部与中国气象局签署总体合作框架协议

发布时间
2018.11.1

10月31日，生态环境部部长李干杰与中国气象局局长刘雅鸣在北京签署两部门总体合作框架协议。签约仪式前，两部门就进一步深入务实合作进行了座谈交流。

李干杰指出，2018年是生态环境保护历程中具有里程碑意义的一年，全国生态环境保护大会胜利召开，党中央、国务院印发《关于全面加强生态环境保护坚决打好污染防治攻坚战的意见》，在国家机构改革中新组建生态环境部，为全面加强生态环境保护、打好污染防治攻坚战提供了基本遵循和坚实保障。签署合作协议，是两部门贯彻落实习近平生态文明思想和全国生态环境保护大会精神的具体举措和实际行动，是对打好打胜污染防治攻坚战的有力支撑。

李干杰表示，长期以来，生态环境、气象两部门按照优势互补、合作共赢，资源共享、分工负责，注重实效、稳步推进的原则，在环境监测、大气污染防治、水污染防治、生态保护红线划定与管理、核与辐射安全等领域协调配合、相互支持，取得显著进展和

成效。希望双方以合作协议签署为契机，全面深化交流合作，推动生态环境保护和气象事业共同发展，实现互利共赢，特别是联合加强秋冬季空气质量监测预报预警，深入开展空气污染形势分析及预判。紧紧围绕打赢蓝天保卫战需求，充分发挥各自专业优势，汇聚两部门科研资源，联合开展科研技术攻关，不断强化大气污染防治的科技支撑能力和成果应用。

刘雅鸣指出，生态文明建设事关中华民族永续发展，事关民族复兴大计。贯彻落实习近平生态文明思想、提升生态文明建设水平，尤其是打好污染防治攻坚战迫切需要气象与生态环境部门进一步发挥专业优势、全方位深化合作。两部门具有良好的合作基础，长期以来以重污染天气预报预警为重点共同提高应急联动响应能力，合作机制逐步健全、领域逐步拓展、成效逐步显现，有力提升了服务保障生态文明建设的能力和水平。

刘雅鸣表示，此次双方开启新一轮合作，既是贯彻落实党中央、国务院决策部署的必然要求，也是服务新时代国家发展大局、助力生态文明建设的共同责任与切实举措。她希望两部门进一步提高政治站位、凝聚思想共识，紧紧围绕国家战略需求和部门职责共谋合作，突出抓重点、补短板、强弱项。切实加强组织领导，优

化合作机制，推动双方合作向更广领域、更深层次发展。始终坚持优势互补，充分调动全国气象和生态环境领域资源，形成合力。围绕重点领域细化分工、狠抓落实，做实成效评估、成果共享、督查督办等工作，确保合作举措化为发展实效。

会前，双方考察了国家大气污染防治攻关联合中心，中国环境科学研究院环境基准与风险评估国家重点实验室及分析测试中心，中国环境监测总站国家大气监测网颗粒物称重中心、大气颗粒物监测实验室和大气综合监测实验室。

生态环境部副部长庄国泰，中国气象局副局长宇如聪、于新文出席签约仪式和座谈会。两部门有关司局和直属单位主要负责同志参加座谈会。

按照协议，两部门将在科学技术、生态环境监测、大气环境管理、应对气候变化、海洋生态环境保护、自然生态保护、核与辐射安全、信息共享等方面开展全方位合作。

发布时间
2018.11.3

生态环境部部长出席国合会 2018 年年会主题论坛

11月2日，国合会2018年年会"绿色'一带一路'与2030年可持续发展议程"主题论坛在北京举行。生态环境部部长、国合会执行副主席李干杰出席，并与国合会副主席、联合国副秘书长、联合国环境规划署执行主任索尔海姆共同主持论坛。

李干杰指出，2018年是"一带一路"倡议提出的5周年。"一带一路"不仅是经济繁荣之路，也是绿色发展之路。习近平总书记多次强调，要着力深化环保合作，践行绿色发展理念，携手打造绿色"一带一路"，共同实现2030年可持续发展目标。这充分彰显了同舟共济、权责共担的人类命运共同体意识。

李干杰强调，5年来生态环境部在推动绿色"一带一路"建设上取得积极进展和成效。

在搭建合作平台方面，加快设立生态环保大数据服务平台，与联合国环境规划署共同发起建设"一带一路"绿色发展国际联盟，搭建中非、中柬环境合作中心等面向区域和国家的生态环保合作平台。

在开展政策对接方面，发布《关于推进绿色"一带一路"建设的指导意见》《"一带一路"生态环境保护合作规划》，举办"一带一路"生态环保国际高层

对话等主题活动。

在推动技术合作方面，设立"一带一路"环境技术交流与转移中心、中国—东盟环保技术和产业合作交流示范基地，推动我国企业发起《履行企业环境责任，共建绿色"一带一路"》倡议。

在加强人员交流方面，实施绿色丝路使者计划、环境管理对外援助培训班等，每年支持沿线国家和地区代表来华交流培训。

李干杰指出，建设绿色"一带一路"为落实2030年可持续发展议程提供了重要路径，将为沿线国家和地区创造更多绿色公共产品。期待和欢迎更多合作伙伴加入"一带一路"绿色发展国际联盟。希望政府、企业、社会组织和公众加快形成合力，共同推动"一带一路"生态环保合作见到实效。要加强与沿线国家政策对话和标准对接，共同推动基础设施、产品贸易、金融服务等领域合作的绿色化。

索尔海姆表示，中国改革开放40年来在经济社会发展和生态环境保护方面取得巨大成就。"一带一路"倡议为全球发展合作提供了创新思路，为破解全球发展难题贡献了中国智慧和中国方案。中国在绿色发展上的成功经验，如塞罕坝植树造林、雄安新区建设等，可通过"一带一路"绿色发展国际联盟与沿线国家进行交流分享。

论坛围绕绿色"一带一路"建设与落实2030年可持续发展议程协同增效、"一带一路"建设与绿色金融、"一带一路"绿色发展合作伙伴关系3个议题进行了交流探讨。出席国合会2018年年会的中外委员、特邀顾问、观察员等约150人参加论坛。

发布时间
2018.11.6

生态环境部公布 2017 年度《水污染防治行动计划》实施情况考核结果

  生态环境部11月6日向社会公布2017年度《水污染防治行动计划》（以下简称《水十条》）实施情况考核结果。

  据悉，按照《水十条》要求，生态环境部会同国家发展和改革委、科技部、工业和信息化部、财政部、自然资源部、住房和城乡建设部、交通运输部、水利部、农业农村部、卫生健康委等部门，对2017年度各省（区、市）落实《水十条》情况进行了考核。考核结果已经国务院审定。

  依据《水污染防治行动计划实施情况考核规定（试行）》，考核内容包括水环境质量目标完成情况和水污染防治重点工作完成情况2个方面，其中，水环境质量目标完成情况为刚性要求。

  经综合评价，海南、西藏、浙江、青海、重庆、甘肃、新疆、上海、江西9个省（区、市）考核等级为优秀；安徽、福建、广西、湖北、贵州、河南、湖南、云南、四川、河北、江苏11个省（区）考核等级为良好；天津、北京、山东、广东、辽宁、内蒙古、宁夏、黑龙江、吉林、山西、陕西11个省（区、市）考核等级为合格。

发布时间
2018.11.6

第二批中央生态环境保护督察"回头看"全部实现督察进驻

　　11月6日下午，中央第二批生态环境保护督察组对山西省开展"回头看"工作动员会在太原召开。至此，第二批中央生态环境保护督察"回头看"全部实现督察进驻。

　　在督察进驻动员会上，各督察组组长强调，以习近平同志为核心的党中央高度重视生态文明建设和生态环境保护工作，将生态文明建设纳入中国特色社会主义"五位一体"总体布局和"四个全面"战略布局。习近平总书记站在建设美丽中国、实现中华民族伟大复兴中国梦的战略高度，亲自推动，身体力行，通过实践深刻回答了为什么建设生态文明、建设什么样的生态文明、怎样建设生态文明的重大理论和实践问题，提出了一系列新理念、新思想、新战略，形成了习近平生态文明思想，成为全党全国推进生态文明建设和生态环境保护、建设美丽中国的根本遵循。建立并实施中央生态环境保护督察制度是习近平生态文明思想的重要内涵，必须以解决突出生态环境问题、改善生态环境质量、推动经济高质量发展为重点，夯实生态文明建设和生态环境保护政治责任，推动生态环境保护督察向纵深发展。

　　这次"回头看"总的思路是全面贯彻落实习近平新时代中国特色社会主义思

第二批中央生态环境保护督察"回头看"进驻一览表

组别	组长	被督察地方	进驻时间	值班电话	邮政信箱
中央第一生态环境保护督察组	朱小丹	辽宁	2018 年 11 月 4 日—12 月 4 日	024-88116005	沈阳市 A6005 号邮政信箱
		吉林	2018 年 11 月 5 日—12 月 5 日	0431-80981369	长春市 6262 号
中央第二生态环境保护督察组	朱之鑫	山西	2018 年 11 月 6 日—12 月 6 日	0351-3805000	太原市 A1811 邮政信箱
		陕西	2018 年 11 月 3 日—12 月 3 日	029-68899187	西安市 A839 号信箱
中央第三生态环境保护督察组	吴新维	安徽	2018 年 10 月 31 日—11 月 30 日	0551-62638567	合肥市 A008 号信箱
		山东	2018 年 11 月 1 日—12 月 1 日	0531-67890299	济南市 A1020 邮政专用信箱
中央第五生态环境保护督察组	李家祥	湖北	2018 年 10 月 30 日—11 月 30 日	027-88612010	武汉市 A77841 邮政信箱
		湖南	2018 年 10 月 30 日—11 月 30 日	0731-81110879	长沙市 A289 号邮政信箱
中央第五生态环境保护督察组	黄龙云	四川	2018 年 11 月 3 日—12 月 3 日	028-62612369	成都市 A63 号邮政信箱
		贵州	2018 年 11 月 4 日—12 月 4 日	0851-84700164	贵阳市 A001 信箱

想和党的十九大精神，以习近平生态文明思想为指导，牢固树立"四个意识"，坚持问题导向，敢于动真碰硬，标本兼治、依法依规，对第一轮中央环境保护督察反馈问题紧盯不放、一盯到底，强化生态环境保护党政同责和一岗双责，坚决查处生态环境保护领域的形式主义、官僚主义问题。同时，通过重点领域生态环境保护专项督察进一步拧紧螺丝，强化震慑，为打好污染防治攻坚战提供强大助力。

　　10省份党委主要领导同志均作了动员讲话，强调要坚决贯彻落实习近平生态文明思想和党中央、国务院决策部署，牢固树立"四个意识"，践行新发展理念，坚决扛起生态文明建设和生态环境保护的政治责任，并要求所在省份各级各部门切实统一思想、提高认识，全力配合督察，坚决推进整改，坚持标本兼治，确保"回头看"工作顺利推进，取得实实在在的效果。

　　根据安排，第二批"回头看"进驻时间为1个月。进驻期间，各督察组分别设立专门值班电话和邮政信箱，受理被督察省份生态环境保护方面的来信、来电举报，受理举报电话时间为每天8：00—20：00。截至目前，各督察组已受理来电来信举报4132件，并按要求移交地方处理。

发布时间
2018.11.8

生态环境部、农业农村部联合印发《农业农村污染治理攻坚战行动计划》

经国务院同意，生态环境部、农业农村部日前联合印发《农业农村污染治理攻坚战行动计划》（以下简称《行动计划》），明确了农业农村污染治理的总体要求、行动目标、主要任务和保障措施，对农业农村污染治理攻坚战做出部署。

《行动计划》指出，要深入贯彻习近平新时代中国特色社会主义思想，认真落实党中央、国务院决策部署，按照实施乡村振兴战略的总要求，强化污染治理、循环利用和生态保护，深入推进农村人居环境整治和农业投入品减量化、生产清洁化、废弃物资源化、产业模式生态化，深化体制机制改革，发挥好政府和市场两个作用，充分调动农民群众的积极性、主动性，补齐农业农村生态环境保护突出短板，进一步增强广大农民的获得感和幸福感，为全面建成小康社会打下坚实基础。

《行动计划》提出，通过3年攻坚，乡村绿色发展加快推进，农村生态环境明显好转，农业农村污染治理工作体制机制基本形成，农业农村环境监管明显加强，农村居民参与农业农村环境保护的积极性和主动性显著增强。到2020年，实现"一保两治三减四提升"："一保"，即保护农村饮用水水源，农村饮水安全更有保障；"两治"，即治理农村生活垃圾和污水，实现村庄环境干净整洁有

序；"三减"，即减少化肥、农药使用量和农业用水总量；"四提升"，即提升主要由农业面源污染造成的超标水体水质、农业废弃物综合利用率、环境监管能力和农村居民参与度。

《行动计划》提出了5方面的主要任务：

一是加强农村饮用水水源保护。加快农村饮用水水源调查评估和保护区划定，加强农村饮用水水质监测，开展农村饮用水水源环境风险排查整治。

二是加快推进农村生活垃圾污水治理。加大农村生活垃圾治理力度，梯次推进农村生活污水治理，保障农村污染治理设施长效运行。

三是着力解决养殖业污染。推进养殖生产清洁化和产业模式生态化，加强畜禽粪污资源化利用，严格畜禽规模养殖环境监管，加强水产养殖污染防治和水生生态保护。

四是有效防控种植业污染。持续推进化肥、农药减量增效，加强秸秆、农膜废弃物资源化利用，大力推进种植产业模式生态化，实施耕地分类管理，开展涉镉等重金属重点行业企业排查整治。

五是提升农业农村环境监管能力。严守生态保护红线，强化农业农村生态环境监管执法。

《行动计划》要求，要加强组织领导。完善中央统筹、省负总责、市县落实的工作推进机制，省级人民政府对本地区农村生态环境质量负责。

完善经济政策。深入推进农业水价综合改革。鼓励有条件的地区探索建立污水垃圾处理农户缴费制度。

加强村民自治。建立农民参与生活垃圾分类、农业废弃物资源化利用的直接受益机制。引导农民保护自然环境，科学使用农药、肥料、农膜等农业投入品，合理处置畜禽粪污等农业废弃物。

　　培育市场主体。采取城乡统筹、整县打包、建运一体等多种方式，吸引第三方治理企业、农民专业合作社等参与农村生活垃圾、污水治理和农业面源污染治理。

　　加大投入力度。建立以地方为主、中央适当补助的政府投入体系。地方各级政府要统筹整合环保、城乡建设、农业农村等资金，加大投入力度，建立稳定的农业农村污染治理经费渠道。

　　强化监督工作。各省（区、市）要以本地区实施方案为依据，制定验收标准和办法，以县为单位进行验收。将农业农村污染治理工作纳入本省（区、市）污染防治攻坚战的考核范围，作为本省（区、市）党委和政府目标责任考核、市县干部政绩考核的重要内容。

发布时间
2018.11.9

2018 年全国环保设施向公众开放现场观摩活动在南京举行

11月8日至9日，全国环保设施向公众开放现场观摩活动在南京举行，生态环境部有关负责同志出席活动并讲话。

生态环境部有关负责同志表示，环保设施是重要的民生工程，对于改善生态环境质量具有战略性和基础性作用。推进环保设施开放是贯彻落实党中央决策部署、创新环境治理体系的有力行动，是培育生态文化、构建美丽中国全民共同行动体系的重要举措，是促进行业持续健康发展、化解邻避问题、防范环境社会风险的积极方略。

生态环境部有关负责同志指出，在推进环保设施开放的过程中，各地积极探索，积累了许多好的做法与经验，高度重视顶层设计，加强对设施开放工作的宣传，建立激励机制，创新参与方式，充分发挥环保社会组织作用。各设施开放单位也给予了密切配合。但目前仍存在有些地方重视不够、部门之间协调不够、有的企业参与积极性不高等问题。要不断总结提高，积极探索行之有效的环保设施向公众开放的途径和方法。

生态环境部有关负责同志强调，环保设施向公众开放工作是一项系统性、长远性的工作，各级生态环境部门要高度重视，积极联合住建部门，按照环保设施开放总体工作部署，落实环保设施开放工作的各项任务。要明确责任，完善机制、细化工作方案，确保环保设施向公众开放的总体目标和分阶段目标顺利实现。要加强联络沟通，充分发挥各部门的优势和专长，不断扩大开放种类，共同做好各地公众开放工作。要建立工作调度机制和评估机制，定期调度各地工作进展。要加大宣传力度，用好生态环保系统新媒体传播矩阵，形成集中宣传声势，带动更多公众参与进来。

活动期间，生态环境部有关负责同志还考察了光大环保能源（南京）有限公司，了解了环保设施向公众开放的有关情况，参加了光大国际环保设施整体开放启动仪式。

来自地方环保部门和住建部门的代表，专家、环保社会组织和设施开放企业代表，住房和城乡建设部有关部门负责同志在集中交流活动上分别发言。

中央文明办、住房和城乡建设部、共青团中央等部门相关同志，生态环境部有关部门负责同志，各省（区、市）环境保护（生态环境）厅（局）分管宣教工作负责同志，第一批开放设施的单位、社会组织及媒体等，共约200人参加上述活动。

扫码查看

生态环境部发布环保设施向公众开放宣传片

发布时间 2018.11.10 中国政府代表团出席《关于消耗臭氧层物质的蒙特利尔议定书》第30次缔约方大会

《关于消耗臭氧层物质的蒙特利尔议定书》（简称议定书）第30次缔约方大会于2018年11月5日至9日在厄瓜多尔基多召开，来自170个国家以及相关国际组织的600余名代表与会。由生态环境部和外交部组成的中国政府代表团出席会议。

中国代表团团长在高级别会议上介绍了中国在生态文明建设和生态环境保护方面的成就，以及中国履行议定书工作进展，强调中国政府对涉及消耗臭氧层物质的违法行为始终采取"零容忍"态度，发现一起、打击一起。

会间，代表团分别会见了议定书秘书处负责人以及美国代表团团长，就共同关心的议题交换了意见。

议定书是国际社会公认的最成功的多边环境条约。30多年来，在各缔约方的不懈努力下，臭氧层耗损得到有效遏制，并实现了巨大的环境和健康效益。中国累计淘汰消耗臭氧层物质约28万吨，占发展中国家淘汰总量的一半以上，为议定书的履行做出了重要贡献。

发布时间
2018.11.14

生态环境部部长深夜暗查河北省保定市重污染天气应急预案情况

11月13日至15日，京津冀及周边地区和汾渭平原预报将出现一次区域性大气重污染过程。11月13日夜，生态环境部部长李干杰前往河北省保定市，采取不打招呼、直奔现场的方式，实地检查重污染天气应急预案工作开展情况。

当晚9点，李干杰首先来到保定市立普特焊业有限公司了解情况。在看到企业已经按照重污染天气橙色预警应急预案停产之后，李干杰详细询问企业何时停产、原料进货来源以及近期经济效益等相关情况。他指出，当前秋冬季大气污染防治形势依然十分严峻，气候扩散条件不利，生态环境部在京津冀及周边地区已经派出多个工作组开展环境强化监督。大家的工作十分重要也非常光荣，希望大家认真排查，继续发扬不怕苦、不怕累的精神，严格落实重污染天气应急预案，为改善京津冀及周边地区大气空气质量做出贡献。

当晚10点半，李干杰来到保定市曲寨水泥有限公司，看到还在值班的企业员工，他与大家一一握手交谈并表示亲切慰问。进入企业大门，看到厂区环境质量显示牌，李干杰停下脚步仔细查看相关数据，并让随行人员认真核实数据情况。他仔细询问工作人员，了解环境监督执法和日常工作生活情况。他还走进厂房，俯下身子借着手电光照，对企业的环保设备进行检查，查看扬尘处理是否到位、

车间是否还在生产等情况。

李干杰强调，目前已进入初冬时节，天气渐冷，北方地区陆续启动冬季采暖，部分农村地区也开始自采暖，区域污染物排放量有所增大。重污染天气期间，各地要持续发力，保持全天候、全方位的高压管控态势。监管执法人员要全员上岗、全时检查，消除监管盲区；要提升监管能力，加快构建遥感监测网络和环境监测监控平台；要严格实施处罚，对违法企业形成持续高压震慑。

此前，生态环境部已向北京市、天津市、河北省、山西省、山东省、河南省、陕西省人民政府发函，通报空气质量预测预报信息。建议各地根据当地空气质量预测预报情况，及时根据重污染天气应急预案启动相应级别预警。同时，生态环境部派驻京津冀大气污染传输通道城市开展工作的各现场工作组将重点指导督促各地落实相关减排措施，对发现落实不到位的问题及时要求各地整改，并向社会公布。

生态环境部副部长率团出席《生物多样性公约》第十四次缔约方大会高级别会议

发布时间
2018.11.16

11月14日至15日，《生物多样性公约》第十四次缔约方大会高级别会议在埃及沙姆沙伊赫举行。生态环境部副部长黄润秋率团出席并应邀发言。

黄润秋指出，习近平主席全面阐述了中国生态文明建设的制度框架，强调要像保护眼睛一样保护生态环境，像对待生命一样对待生态环境，将生物多样性保护放在优先位置并纳入国家和地方发展与扶贫战略及规划，让绿水青山变成金山银山。

黄润秋强调，中国政府高度重视并积极履行《生物多样性公约》，取得了前所未有的成绩。他感谢公约秘书处及缔约国选择中国于2020年举办COP15，并表示中国政府坚定支持举办COP15，全面履行东道国义务，推动大会通过2020年后全球生物多样性框架，分享创新、协调、绿色、开放、共享的发展理念，坚持以保障自然福祉为根本，促进保护与发展相平衡，与国际社会携手，实现人与自然和谐的"命运共同体"。

中国有关企业负责人受邀在基础设施圆桌论坛上介绍了企业在"一带一路"绿色发展上的经验和做法。会议还举行了国际自然与文化联盟成立仪式，通过了《沙姆沙伊赫宣言》。来自缔约方和国际组织的部级官员，以及有关代表出席会议。

发布时间
2018.11.19

"中法环境年"启动活动在北京举行

　　11月19日，"中法环境年"启动活动在北京举行。国家主席习近平同法国总统马克龙互致贺电。生态环境部部长李干杰、法国国务部部长兼生态与团结化转型部部长弗朗索瓦·德吕吉出席活动并共同为"中法环境年"标志揭幕。

　　李干杰在致辞中指出，2018年1月中法两国元首共同决定启动"中法环境年"，今天互致贺电庆祝"中法环境年"正式启动，充分体现了对双方加强生态环境保护领域对话与交流的高度重视，为双方进一步深化务实合作指明了方向，提供了重要遵循。

　　李干杰说，中国共产党十八大以来，中国政府把生态文明建设作为治国理政的重要内容，将绿色发展作为新发展理念的组成部分，生态环境保护从实践到认识发生了历史性、转折性、全局性变化。在习近平生态文明思想指引下，污染防治攻坚战有序推进，生态环境质量持续改善。

李干杰表示，近年来，中法双方在生态环境保护领域交流密切、合作成效显著。举办"中法环境年"既是落实两国联合声明的具体活动，也是进一步拓展和深化两国生态环境合作的重要契机。中方愿以此次活动为起点，与法方一道开展多层次、多领域、全方位生态环境合作，共谋全球生态文明建设，与国际社会共享绿色发展经验，形成世界环境保护和可持续发展的解决方案。

德吕吉说，中法友谊源远流长，法方高度重视并珍惜同中方开展的各项生态环境保护合作，愿进一步加强政策对话，深化应对气候变化合作，并支持中方举办2020年《生物多样性公约》第十五次缔约方大会。"中法环境年"不仅是两国务实合作的重要成果，更是双方合作的新起点，希望双方通过"中法环境年"进一步增进理解、加深友谊，取得更加丰硕的成果。

启动活动前，李干杰与德吕吉举行了工作会谈。双方一致认为，"中法环境年"是中法全面战略伙伴关系的重要体现。"中法环境年"期间，双方将围绕生态环境保护、应对气候变化和生物多样性保护三大重点领域开展对话交流和合作。

来自中法双方政府部门、科研机构、企业，以及国际组织的代表参加了启动活动。

发布时间
2018.11.22

今天我们2岁了，感谢有你！

今天，我们2岁了。感谢有你，生态环境部"两微"的176万粉丝！

感谢有你，从我们发出第一声问候开始，你热情的回应。

2016年11月22日，原环境保护部官方微博（微信公众号）"环保部发布"开通上线，你在留言中说，"大冬天开微博，有勇气"，"够胆量，粉你了"，"你领个头，咱一起努力"……近4000条评论，盛着满满的期待。

感谢有你，在我们发布

各类环境讯息过程中，与我们的互动。

自开通至今，生态环境部官方微博、微信公众号累计发稿近1.5万条，第一时间提供生态环境部各类信息，感谢你的阅读、评论，以及每一次转发，5.3亿的阅读量，记录着你对生态环境的每一份关注。

感谢有你，在我们更名为@生态环境部 时，你第一时间送上1万个赞。

2018年3月22日，随着原环境保护部机构名称的变更，@环保部发布 正式更名为 @生态环境部，1.1万个点赞，6000余条留言，在评论区整齐划一地写下：你好，生态环境部！

感谢有你，在我们曝光各类生态环境污染问题时，你坚定地支持；感谢有你，在发现身边环境污染问题时，第一时间与我们诉说。感谢有你，因为有你在，我们更加坚定；感谢有你，因为有你在，我们更要坚持。

坚决地向污染宣战！2018年11月22日，@生态环境部 新的起点，邀你一起再出发！

关心环境，关心你，感谢关注@生态环境部。

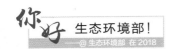

京津冀区域将现重污染　生态环境部向 6 省市发函要求及时启动预警

发布时间
2018.11.22

　　生态环境部11月22日向媒体通报，11月23日至26日京津冀及周边地区将出现一次区域性重污染天气过程，影响范围包括京津冀中南部、山西东南部、山东中西部和河南北部。

　　根据中国环境监测总站和京津冀及周边区域省级环境空气质量预报中心会商结果，预计自11月23日起，受弱气压场影响，京津冀及周边地区大气污染扩散条件开始转差，京津冀南部、山东西部和河南北部地区空气质量将有所下降，部分城市可能出现中度污染。

　　24日，区域地面由弱高压转为均压场控制，扩散条件进一步转差，部分城市空气质量将达到中至重度污染水平。

　　25日至26日，受区域性逆温、系统性偏南风及大范围高湿度影响，污染程度进一步加重，大部分城市空气质量将达到中至重度污染水平。

　　其中，25日夜间至26日上午污染程度最重，$PM_{2.5}$峰值浓度可能达到或超过200微克/立方米。27日，受冷空气过程影响，污染形势缓解。

　　生态环境部已向北京市、天津市、河北省、山西省、山东省、河南省人民政府发函，通报空气质量预测预报信息。要求各地根据实际情况，按照区域应急联动要求，及时启动相应级别预警，切实落实各项减排措施，缓解重污染天气影响，最大限度保障人民群众身体健康。

生态环境部派驻京津冀大气污染传输通道城市各现场工作组，将重点督促应急减排措施落实情况。同时，持续关注空气质量变化情况，及时指导地方开展应对工作。

你好 生态环境部！
——@ 生态环境部 在 2018

发布时间
2018.11.29

禁止洋垃圾入境推进固体废物进口管理制度改革部际协调小组第一次全体会议召开

2018年11月29日，禁止洋垃圾入境推进固体废物进口管理制度改革部际协调小组第一次全体会议在北京召开。协调小组组长、生态环境部部长李干杰主持会议并讲话。他强调，必须旗帜鲜明讲政治，不断提高政治站位，树牢"四个意识"，坚定"四个自信"，切实做到"两个坚决维护"，坚决扛起生态文明建设的政治责任，进一步增强使命感和责任感，以铁的决心、铁的意志和铁的手段坚定不移把禁止洋垃圾入境推进固体废物进口管理制度改革各项举措落实到位。

李干杰指出，党中央、国务院高度重视固体废物污染防治。2017年以来，习近平总书记多次发表重要讲话、作出重要指示批示，亲自部署、亲自推动禁止洋垃圾入境推进固体废物进口管理制度改革工作，充分彰显了以习近平同志为核心的党中央坚决禁止洋垃圾入境推进固体废物进口管理制度改革的坚定意志和坚强决心，为推进改革工作提供了根本遵循和强大动力。

李干杰表示，2018年部际协调小组各成员单位应认真贯彻落实党中央、国务院决策部署，各司其职，通力合作，积极完善固体废物进口管理制度，强化洋垃圾非法入境管控，构建禁止洋垃圾入境长效机制，大力提升固体废物回收利用水平，妥善处理改革过程中出现的各类问题，推动改革工作取得重要进展。截至11

月15日，全国固体废物进口量为1861万吨，同比减少52.8%，为顺利完成2018年改革任务奠定了坚实基础。

李干杰指出，禁止洋垃圾入境推进固体废物进口管理制度改革已步入深水区，面临的形势更加复杂，改革的难度和压力持续加大，如期完成改革目标任务更加艰巨，必须保持清醒的思想认识，做好充足的心理准备，研究制定周密的应对措施，既坚定改革的决心，又坚定改革的信心，以抓铁有痕、踏石留印的干劲抓实抓好每一项工作。

李干杰强调，要以钉钉子精神抓好2019年禁止洋垃圾入境推进固体废物进口管理制度改革工作，圆满完成调控目标和各项改革任务。

一要积极推动《固体废物污染环境防治法》修订，力争法律早日修订出台，为全面禁止洋垃圾入境推进固体废物进口管理制度改革提供坚实的法律保障。

二要强化洋垃圾非法入境管控力度，深入推进各类专项打私行动，持续强化固体废物进口全过程监管力度，开展进口固体废物加工利用企业专项执法行动，将问题突出的地方纳入中央生态环境保护专项督察。

三要提升国内固体废物回收利用水平，加快国内固体废物回收利用体系建设，提高国内固体废物回收利用率。大力推动城乡垃圾分类，继续完善再生资源回收利用基础设施和再生资源综合利用标准体系，加快提升固体废物资源化利用装备技术水平。

四要充分发挥协调小组的机制保障作用，不断研究解决禁止洋垃圾入境推进固体废物进口管理制度改革过程中的重大问题和事项，指导、协调和督促落实改革任务，调度改革工作进展情况，部署下一步工作，有关情况将及时向党中央、国务院报告。

会上，生态环境部副部长庄国泰通报了2018年禁止洋垃圾入境推进固体废物

进口管理制度改革工作进展情况，海关总署副署长张际文介绍了本单位工作情况。会议审议并原则通过《禁止洋垃圾入境推进固体废物进口管理制度改革2019年工作计划》等有关文件。

生态环境部、海关总署、中央宣传部、中央网信办、国家发展和改革委、科技部、工业和信息化部、公安部、司法部、财政部、住房和城乡建设部、商务部、市场监管总局、中国海警局、邮政局15个单位的协调小组成员出席会议。生态环境部机关有关部门、有关直属单位负责同志参加会议。

本月盘点

微博：本月发稿625条，阅读量55666687；

微信：本月发稿467条，阅读量2736161。

12月

- 生态环境部部长出席联合国气候变化卡托维兹大会领导人峰会并与联合国秘书长举行会谈
- 三部委联合印发《渤海综合治理攻坚战行动计划》

2018

发布时间
2018.12.1

生态环境部公告 123 家严重超标的重点排污单位名单

　　12月1日，生态环境部向社会公布123家主要污染物排放严重超标的排污单位和处罚整改情况。严重超标排污单位中，污水处理厂共78家，占总数的63.4%，占比最高；其次为涉废气排污单位，共30家，占总数的24.4%。从地区分布看，新疆（27家）、山西（15家）、内蒙古（14家）和辽宁（14家）4省（区）严重超标排污单位数量较多，共70家，占总数的56.9%。各级地方生态环境主管部门处以罚款的75家，共计罚款7908万元（其中实施按日连续处罚的11家，共计罚款5578万元）；责令限制生产1家、责令改正122家、责令停产整治6家、关停1家（部分排污单位同时被处以2种以上的处置措施）。

　　生态环境部对28家屡查屡犯、长期超标的排污单位进行公开挂牌督办，明确了每家单位的督办要求和整改期限，要求所在地的省级生态环境主管部门督促相关地方人民政府和单位落实督办要求，做到查处到位、整改到位、责任追究到位，并及时公开查处情况和整改情况。对督办事项拒不办理、办理不力或在解除督办过程中弄虚作假的，将依法依规启动追责问责程序。

　　生态环境部强调，污染物达标排放是企业事业单位环境守法的底线，各地应当督促企业事业单位落实生态环境保护主体责任，实现污染物的稳定达标排放。

发布时间
2018.12.3

生态环境部派员看望慰问陈奔同志家属

12月1日晚，浙江温岭环境执法人员陈奔在查处一起环境违法案件时因公牺牲。获知消息后，生态环境部领导高度重视，正在波兰参加气候变化大会的李干杰部长迅速作出指示，并委派生态环境执法局主要负责同志和行政体制与人事司有关同志第一时间赶赴温岭看望陈奔同志家属，指导做好案件查办工作。

生态环境执法局主要负责同志首先转达了部党组对陈奔同志家属的深切慰问。他表示，陈奔同志是生态环境保护战线的一名优秀党员，是生态环境保护铁军的杰出代表，我们为失去这样一位好战友、好同志感到无比痛心，希望陈奔同志家属节哀、保重身体，台州及温岭市相关负责同志务必做好善后工作，努力帮助家属解决实际困难，同时要协调公安机关彻底查清案件，依法严惩犯罪分子。

据了解，12月1日18时20分许，温岭市环保局环境监察大队副大队长兼大溪环境监察中队队长陈奔同志带领大溪环境监察中队工作人员会同大溪派出所办理一起群众举报的工业固体废物违法倾倒案件时，发现嫌疑车辆并要求嫌疑人下车配合调查，但嫌疑人拒不配合，强行逃窜，将站在车前的陈奔同志撞到该车引擎盖上，一路拖行，致使陈奔同志当场牺牲。

目前，涉案的2名嫌疑人已被温岭市公安局刑事拘留，另有5名涉案嫌疑人已被公安机关控制。

发布时间
2018.12.4

生态环境部部长出席卡托维兹大会领导人峰会并与联合国秘书长会谈

　　当地时间12月3日，联合国气候变化卡托维兹大会举行领导人峰会。峰会开幕式由大会主席国波兰环境部副部长库尔蒂卡主持，波兰总统杜达、联合国秘书长古特雷斯、《联合国气候变化框架公约》秘书处执行秘书埃斯皮诺萨、世界银行首席执行官格奥尔基耶娃等出席会议并致辞。生态环境部部长李干杰作为中国政府代表出席峰会。

会上，波兰环境部副部长库尔蒂卡接替斐济总理姆拜尼马拉马担任本轮气候变化会议主席。联合国秘书长古特雷斯指出，气候变化的速度已经超过了人类应对气候变化行动的速度，人类面临严峻的气候变化挑战，如果不能有效应对气候变化，人类社会将遭到不可逆转的巨大损失，需要立即采取应对行动。波兰总统杜达发布了关于公平转型的峰会宣言，呼吁各方共同推动全球低碳转型。世界银行首席执行官格奥尔基耶娃宣布，2021—2025年计划投资2000亿美元支持气候行动，其中世界银行出资1000亿美元，动员私营资金1000亿美元。会议还展示了全球范围内搜集到的"人民声音"，传递了加快谈判进程、促进气候行动的呼声。

会议期间，李干杰部长与联合国秘书长古特雷斯、副秘书长刘振民、《联合国气候变化框架公约》秘书处执行秘书埃斯皮诺萨举行会谈，表达中方对气候变化多边进程和对卡托维兹气候大会取得成功的坚定支持，并就卡托维兹大会及2019年联合国气候变化峰会有关事项交换了意见。

李干杰指出，气候变化是全人类面临的共同挑战，需要国际社会携手努力、共同应对。中国高度重视气候变化问题，在国内采取了强有力的政策行动，在国际上积极参与应对气候变化多边进程，为应对全球气候变化做出了最大努力。

李干杰表示，中方赞赏联合国及公约秘书处在气候变化多边进程中发挥的重要作用，将一如既往地与联合国方面保持密切合作，与各方一道推动全球气候治理进程。关于此次卡托维兹大会，中方希望大会精准解读《巴黎协定》，切实落实公平、"共同但有区别的责任"和各自能力原则，体现"国家自主决定"的自下而上安排，照顾各方特别是发展中国家关切，确保大会达成一个全面、平衡、可实施的《巴黎协定》实施细则一揽子成果。

关于拟于2019年9月举行的联合国气候变化峰会，李干杰表示，中方愿就会

议筹备、成果设计等相关问题与联合国方面保持密切沟通，支持联合国秘书长办好此次峰会。

古特雷斯介绍了G20领导人峰会期间与习近平主席会见的情况及与中国、法国外长三方会谈的情况，赞扬中方在应对气候变化进程中发挥的领导力，希望中方继续发挥建设性作用，协调和推动各方达成共识，确保卡托维兹大会顺利达成预期成果。古特雷斯对中方支持2019年联合国气候变化峰会表示感谢，并希望峰会能够进一步加强气候行动，促进《巴黎协定》落实。

2018年12月2日至14日，联合国气候变化大会在波兰卡托维兹召开，来自近200个国家的代表在两周时间内就《巴黎协定》实施细则等内容进行谈判。本次大会的首要目标是如期完成《巴黎协定》实施细则的谈判。

发布时间
2018.12.8

第二批中央生态环境保护督察"回头看"进驻工作结束

经党中央、国务院批准，第二批中央生态环境保护督察"回头看"5个督察组于2018年10月30日至11月6日陆续对山西、辽宁、吉林、安徽、山东、湖北、湖南、四川、贵州、陕西10个省份实施督察进驻。截至12月6日，全部完成督察进驻工作。

各督察组坚决贯彻落实党中央、国务院决策部署，在被督察地方党委、政府的大力支持、配合下，顺利完成督察进驻各项任务。进驻期间，督察组共计走访问询省级有关部门和单位80个，调阅资料18661份，对104个市（州）开展下沉督察。各督察组坚决查处敷衍整改、表面整改、假装整改和"一刀切"等整改工作中的形式主义、官僚主义问题，经梳理后陆续公开了27个典型案例，传导督察压力，推动整改落实。

督察组高度重视群众生态环境诉求，及时转办督办群众举报问题。截至12月6日，共收到群众举报49561件，经梳理分析，受理有效举报38133件，合并重复举报后向地方转办37679件，地方已办结26873件，其中，责令整改12240家；立案处罚2991家，罚款21414.36万元；立案侦查186件，行政和刑事拘留88人；约谈1804人，问责2177人。

第二批中央生态环境保护监察"回头看"边督边改情况汇总

省份	收到举报数量（件）			受理举报数量（件）			交办数量（件）	已办结（件）			责令整改（家）	立案处罚（家）	罚款金额（万元）	立案侦查（件）	拘留（人）		约谈（人）	问责（人）
	来电	来信	合计	来电	来信	合计		属实	不属实	合计					行政	刑事		
辽宁	4049	5713	9762	2830	3936	6766	6766	3339	652	3991	1472	543	3154.45	55	2	4	97	237
吉林	3642	4089	7731	2694	3100	5794	5794	3290	1046	4336	496	156	1820.94	20	1	2	48	315
山西	2058	1003	3061	1894	732	2626	2586	1223	327	1550	400	162	1976.58	9	1	3	197	304
陕西	3066	593	3659	1532	593	2125	1711	1155	243	1398	606	212	2218.60	12	0	6	222	375
安徽	1988	1045	3033	1743	783	2526	2526	924	377	1301	997	215	1090.86	5	6	6	162	39
山东	3609	2306	5915	3215	1667	4882	4882	3437	418	3855	3399	418	4766.90	8	4	2	52	361
湖南	3550	1926	5476	2842	1384	4226	4226	3207	497	3704	1509	295	1572.13	26	9	12	208	191
湖北	2792	728	3520	2335	507	2842	2842	1904	425	2329	706	202	2459.59	22	8	5	470	90
四川	2386	2023	4409	2077	1588	3665	3663	2138	402	2540	1523	511	322.591	11	2	3	180	160
贵州	2256	739	2995	2119	562	2681	2681	1798	71	1869	1132	277	2031.80	18	1	11	168	105
合计	29396	20165	49561	23281	14852	38133	37679	22415	4458	26873	12240	2991	21414.36	186	34	54	1804	2177

注：数据截至 2018 年 12 月 6 日 20:00。

　　各被督察地方党委、政府高度重视生态环境保护督察工作，借势发力，提高认识，强化责任，推动落实；对督察整改不力问题再次查处、举一反三；对督察整改过程中的形式主义、官僚主义问题坚决处理、严肃问责；对群众身边的生态环境问题即知即改、立行立改。同时，各地持续通过"一台一报一网"及时公开边督边改情况，积极回应社会关切，在社会各界引发强烈反响。

　　根据督察安排，各督察组已进入督察报告起草和问题案卷梳理阶段，并安排专门人员继续紧盯地方边督边改情况，确保尚未办结的群众举报能够及时查处到位、公开到位、问责到位，确保群众举报件件有落实、事事有回音。

生态环境部、国家发展和改革委、自然资源部联合印发《渤海综合治理攻坚战行动计划》

发布时间
2018.12.11

近日，经国务院同意，生态环境部、国家发展和改革委、自然资源部联合印发了《渤海综合治理攻坚战行动计划》（以下简称《行动计划》），明确了渤海综合治理工作的总体要求、范围与目标、重点任务和保障措施，提出了打好渤海综合治理攻坚战的时间表和路线图。

《行动计划》要求，全面贯彻党的十九大和十九届二中、三中全会精神，以习近平新时代中国特色社会主义思想为指导，深入贯彻习近平生态文明思想，认真落实党中央、国务院决策部署，以改善渤海生态环境质量为核心，以突出生态环境问题为主攻方向，坚持陆海统筹、以海定陆，坚持"污染控制、生态保护、风险防范"协同推进，治标与治本相结合，重点突破与全面推进相衔接，科学谋划、多措并举，确保渤海生态环境不再恶化、3年综合治理见到实效。

《行动计划》提出，通过3年综合治理，大幅度降低陆源污染物入海量，明显减少入海河流劣V类水体；实现工业直排海污染源稳定达标排放；完成非法和设置不合理入海排污口清理工作；构建和完善港口、船舶、养殖活动及垃圾污染防治体系；实施最严格的围填海管控，持续改善海岸带生态功能，逐步恢复渔业

资源；加强和提升环境风险监测预警和应急处置能力。到2020年，渤海近岸海域水质优良（Ⅰ类、Ⅱ类水质）比例达到73%左右，自然岸线保有率保持在35%左右，滨海湿地整治修复规模不低于6900公顷，整治修复岸线新增70千米左右。

《行动计划》确定开展陆源污染治理行动、海域污染治理行动、生态保护修复行动、环境风险防范行动四大攻坚行动，并明确了量化指标和完成时限。

一是陆源污染治理行动。针对国控入海河流实施河流污染治理，并推动其他入海河流污染治理；通过开展入海排污口溯源排查，严格控制工业直排海污染源排放，实施直排海污染源整治，实现工业直排海污染源稳定达标排放，并完成非法和设置不合理入海排污口的清理工作；推进"散乱污"清理整治、农业农村污染防治、城市生活污染防治等工作；通过陆源污染综合治理，降低陆源污染物入海量。

二是海域污染治理行动。实施海水养殖污染治理，清理非法海水养殖；实施船舶和港口污染治理，严格执行《船舶水污染物排放控制标准》，推进港口建设船舶污染物接收处置设施，做好船、港、城设施衔接，开展渔港环境综合整治；全面实施"湾长制"，构建陆海统筹的责任分工和协调机制。

三是生态保护修复行动。实施海岸带生态保护，划定并严守渤海海洋生态保护红线，确保渤海海洋生态保护红线区在"三省一市"管理海域面积中的占比达到37%左右，实施最严格的围填海和岸线开发管控，强化自然保护地选划和滨海湿地保护；实施生态恢复修复，加强河口海湾综合整治修复、岸线岸滩综合治理修复；实施海洋生物资源养护，逐步恢复渤海渔业资源。

四是环境风险防范行动。实施陆源突发环境事件风险防范，开展环渤海区域突发环境事件风险评估工作；实施海上溢油风险防范，完成海上石油平台、油气管线、陆域终端等风险专项检查，定期开展专项执法检查；在海洋生态灾害高发海域、重点海水浴场、滨海旅游区等区域，建立海洋赤潮（绿潮）灾害监测、预警、应急处置及信息发布体系。

为确保渤海综合治理各项任务的落实，《行动计划》从组织领导、监督考核、资金投入、科技支撑、规划引领与机制创新、监测监控、信息公开与公众参与等方面作出安排，期冀对《行动计划》各项工作的实施予以充分保障。

扫码查看

《渤海综合治理攻坚战行动计划》

发布时间
2018.12.12

2018 年水源地环境整治进入"扫尾"阶段

为贯彻落实党中央、国务院关于打好水源地保护攻坚战的决策部署，各地持续推进饮用水水源地环境问题整治工作。按照专项行动部署，2018年年底前，长江经济带县级、其他省份地市级水源地要完成排查整治任务，共涉及31个省（区、市）276个地市1586个水源地的6251个环境违法问题整治。截至12月12日，6119个问题已完成整改，完成比例达到97.9%。

目前，上海、宁夏、湖南、青海、内蒙古、西藏、天津、甘肃、山东、四川、福建、海南、重庆、吉林、北京、黑龙江16省（区、市）已相继完成2018年水源地环境整治任务，其余15个省份任务完成率也超过90%，整治工作正持续深入推进。

距离2018年年底仅剩19天，仍有132个问题尚未完成整治，涉及广东清远、江苏扬州、江西九江等40个地市。目前，剩余问题包括农村面源污染问题75个、道路交通问题18个、工业企业14个、非法排污口9个以及其他问题16个，多是一些"难啃的硬骨头"。

对仍未完成整治任务的问题，生态环境部将紧盯不放，督促落实地方党委、政府饮用水水源地保护责任，加强分类指导，精准施策，确保按期完成整治任务。

40个地市尚未完成2018年水源地整治任务

序号	省份	城市	未完成任务数（个）	合计（个）
1		清远	36	
2		潮州	5	
3		韶关	4	
4	广东	佛山	3	52
5		梅州	2	
6		珠海	1	
7		揭阳	1	
8		九江	8	
9		宜春	7	
10	江西	赣州	3	22
11		抚州	2	
12		鹰潭	1	
13		南昌	1	
14	江苏	扬州	14	14
15		商丘	4	
16	河南	开封	3	9
17		平顶山	2	
18		北海	4	
19		梧州	2	
20	广西	玉林	1	9
21		桂林	1	
22		贺州	1	
23		安庆	2	
24		池州	2	
25	安徽	黄山	1	7
26		芜湖	1	
27		六安	1	
28	山西	太原	3	4
29		临汾	1	
30	河北	保定	3	3
31		丹东	1	
32	辽宁	抚顺	1	3
33		辽阳	1	
34	陕西	宝鸡	2	3
35		商洛	1	
36	云南	德宏	2	2
37	浙江	绍兴	1	1
38	湖北	孝感	1	1
39	贵州	铜仁	1	1
40	新疆	阿勒泰	1	1

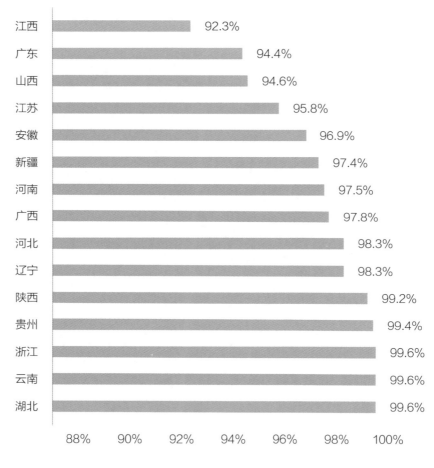

尚未完成任务的15个省份水源地整治工作情况

发布时间
2018.12.16 # 中国生态文明论坛南宁年会召开

12月15日至16日，中国生态文明论坛年会在广西壮族自治区南宁市召开。本次会议以"生态文明绿色发展——深入学习贯彻习近平生态文明思想　建设天蓝、地绿、水清的美丽中国"为主题。十一届全国政协副主席、中国生态文明研究与促进会会长陈宗兴，生态环境部党组书记、部长李干杰出席开幕式并讲话，广西壮族自治区党委副书记、人民政府主席陈武，广西壮族自治区党委常委、南宁市委书记王小东出席开幕式并致辞。生态环境部副部长黄润秋主持开幕式。

陈宗兴在开幕式上做重要讲话，他指出，必须深刻学习和理解习近平生态文明思想。习近平生态文明思想内涵丰富、意蕴深邃、视野宏大，继承和发扬了中国传统生态文化和生态智慧，深化和发展了马克思主义自然生态观，根植于中国特色社会主义建设的伟大实践，是习近平新时代中国特色社会主义思想的重要组成部分，是马克思主义中国化的最新成果，具有理论上的科学性、内涵上的系统性、实践上的创新性和宗旨上的人民性，是一个科学完整的思想体系，必须自觉、坚定地以习近平生态文明思想为根本遵循，用以武装头脑、指导实践、推动工作。

陈宗兴强调，要遵循"坚持绿色发展是发展观的一场深刻革命"的要求，优化空间结构，构建绿色发展的战略布局；推进产业生态化、生态产业化，解决绿

色发展的根本问题；实施乡村振兴战略，补齐绿色发展的最大短板；加强生态环境保护，突破绿色发展的瓶颈制约；倡导绿色生活方式，厚植绿色发展的社会基础，有力推进绿色发展从观念到实践的深刻革命。

陈宗兴要求，研促会要以习近平生态文明思想为指导，以深化改革为动力，扎实推进理论与实践研究，积极推动示范创建，加大生态文明宣传教育力度，办好中国生态文明奖，进一步加强生态文明国际交流，建立生态文明智库联盟，加强国内国际交流合作，持续推进会员和分支机构发展，支持地方和行业生态文明社会组织的建设，不断增强生态文明研究与促进的合力。同时，他对广西坚持生态立区、主动融入"一带一路"、建设美丽广西取得显著成绩和南宁坚持绿色发展、打造生态宜居城市、持续提升广大市民幸福感与获得感，给予了肯定。希望广西和南宁站在改革开放40周年和自治区成立60周年的崭新起点上，进一步加强生态文明建设。

李干杰在讲话中指出，2018年是我国改革开放40周年，也是中国生态文明建设和生态环境保护事业发展史上具有重要里程碑意义的一年。改革开放40年来，尤其是党的十八大以来，在党中央、国务院的坚强领导下，我国生态环境保护事业取得历史性成就，发生历史性变革。

一是对社会主义建设规律的认识和实践不断深化，经济发展与生态环境保护的关系逐步走向协调统一；

二是生态环境保护法律法规体系不断健全，执法督察力度逐步加大；

三是生态环境保护政策制度体系不断完善，治理水平稳步提升；

四是生态环境保护体制机制改革不断深化，生态环境治理能力明显增强；

五是污染防治和生态保护力度不断加大，生态环境质量由恶化转向总体持续改善；

六是生态环境保护国际合作不断开拓，成为全球生态文明建设的重要参与者、贡献者、引领者。

李干杰强调，要坚持以习近平新时代中国特色社会主义思想为指导，认真贯彻习近平生态文明思想，全面落实全国生态环境保护大会精神，严格落实生态环境保护"党政同责""一岗双责"，加快构建生态文明体系，深化生态环境保护领域改革，加快生态保护和修复，推动形成绿色发展方式和生活方式，坚决打好打胜污染防治攻坚战，全力推动生态文明建设和生态环境保护迈上新台阶。要积极发挥示范创建在推进生态文明建设中的平台和抓手作用，进一步提高示范创建的规范化和制度化水平，抓好经验总结，加大先进典型宣传力度，提升扩大示范创建工作的影响力，为全国生态文明建设提供经验借鉴和样板支撑。

陈武在致辞中首先代表广西壮族自治区党委、政府对各位嘉宾的到来表示热

烈欢迎。他说，自治区始终坚持绿色发展，牢记习近平总书记"广西生态优势金不换"的嘱托，深入践行生态文明理念，坚持生态立区、生态惠民，加快发展生态经济、绿色产业，生态环境质量各项指标保持全国前列，人民群众优美生态环境的获得感明显增强。当前，广西正站在自治区成立60周年的历史新起点上，并以此次论坛为契机，深入贯彻落实习近平生态文明思想，"一条扁担两头挑"，一头挑起金山银山，一头挑起绿水青山，全面推进生态环境保护和治理，将党中央擘画的生态文明建设蓝图转化为广西的路线图和施工图，使八桂大地青山常在、清水长流、空气常新，奋力书写美丽中国的广西篇章。

会前，陈宗兴、李干杰和陈武还赴南宁国际会展中心参观了全国生态文明建设（南宁）成果展。

会上，生态环境部对第二批16个"绿水青山就是金山银山"实践创新基地和第二批45个国家生态文明建设示范市县进行了授牌命名。

本次年会同时举办了生态示范创建与"两山"实践论坛等14个专题分论坛，并向全社会发布《生态文明·南宁宣言》、《中国省域生态文明状况评价报告》、"2018美丽山水城市"名单以及2018年度生态文明建设优秀论文和优秀调研报告。

发布时间
2018.12.16

卡托维兹大会顺利闭幕　全面开启《巴黎协定》实施新征程

当地时间12月15日深夜，联合国气候变化卡托维兹大会顺利闭幕。大会如期完成了《巴黎协定》实施细则谈判，通过了一揽子全面、平衡、有力度的成果，全面落实了《巴黎协定》各项条款要求，体现了公平、"共同但有区别的责任"、各自能力原则，考虑到不同国情，符合"国家自主决定"安排，体现了行动和支持相匹配，为《巴黎协定》的实施奠定了制度和规则基础。

大会成果传递了坚持多边主义、落实《巴黎协定》、加强应对气候变化行动的积极信号，彰显了全球绿色低碳转型的大势不可逆转，提振了国际社会合作应对气候变化的信心，强化了各方推进全球气候治理的政治意愿。中方为大会取得成功作出了重要贡献，获得了国际社会高度赞赏。

卡托维兹大会前，习近平主席在二十国集团领导人布宜诺斯艾利斯峰会上号召各方继续本着构建人类命运共同体的责任感，为应对气候变化国际合作提供政治推动力，表明中方对卡托维兹大会的支持，为大会能够取得成功提供了关键的政治引导和推动力。王毅国务委员兼外交部部长与法国外长勒德里昂、联合国秘书长古特雷斯在二十国集团峰会期间举行气候变化会议，发表新闻公报，重申合作应对气候变化、促进可持续发展，支持卡托维兹大会如期达成《巴黎协定》实施细则。

　　卡托维兹大会于12月3日举行了领导人峰会，波兰总统杜达、联合国秘书长古特雷斯、《联合国气候变化框架公约》执行秘书埃斯皮诺萨、世界银行首席执行官格奥尔基耶娃等出席会议并致辞。中国生态环境部部长李干杰作为中方代表出席峰会，并与联合国秘书长古特雷斯、副秘书长刘振民、《联合国气候变化框架公约》秘书处执行秘书埃斯皮诺萨等举行了会谈，表达了中方将积极推进气候变化多边进程、推动卡托维兹气候大会取得成功的态度和立场。李干杰还与波兰、埃及、法国、菲律宾等国部长就中国应对气候变化政策行动、卡托维兹大会谈判立场、气候变化合作等问题交换意见。

　　中国气候变化谈判代表团团长、中国气候变化事务特别代表解振华出席大会高级别阶段有关活动和磋商。其间，解振华与联合国秘书长古特雷斯、气候变化框架公约秘书处执行秘书埃斯皮诺萨、大会主席库尔提卡及各谈判集团和主要

缔约方部长开展了广泛
交流和密集磋商，推进
多边谈判进程，就《巴
黎协定》实施细则涉及
的重点、难点、焦点问
题贡献"中国方案"和
"中国智慧"，与各方
一道推动大会如期达成

一揽子全面、平衡、有力度的成果。解振华还及时召开中外媒体见面会，参加
"基础四国"新闻发布会，与境内外主要NGO代表进行对话，介绍发展中国家立
场主张，为会议成功营造了良好的舆论氛围。

　　大会期间，中国政府代表团在会场内设立了"中国角"，举行了25场边会，
主题涉及低碳发展、碳市场、可再生能源、南南合作、气候投融资、森林碳汇、
地方企业气候行动等领域，全面、立体地对外宣传介绍中国应对气候变化、推动
绿色低碳发展的政策、行动与成就，展现了积极推进全球生态文明建设、构建人
类命运共同体的负责任大国形象。

发布时间	生态环境部召开常务会议　学习贯彻推动
2018.12.17	长江经济带发展领导小组会议精神

12月17日，生态环境部部长李干杰主持召开生态环境部常务会议，观看长江经济带生态环境警示片，传达学习贯彻推动长江经济带发展领导小组会议精神，原则通过长江经济带生态环境保护下一步工作安排；审议并原则通过《放射性物品安全运输规程》；研究"白色污染"综合治理工作。

会议指出，推动长江经济带"共抓大保护、不搞大开发"是以习近平同志为核心的党中央作出的重大决策，是关系国家发展全局的重大战略，必须从中华民族永续发展长远利益考虑，把修复长江生态环境摆在压倒性位置，探索出一条生态优先、绿色发展的新路子。警示片反映的生态环境问题触目惊心、令人警醒，表明目前长江经济带的污染排放、生态破坏、环境风险等问题仍然突出，生态环境形势依然十分严峻。

会议强调，进一步统一思想认识，提高政治站位，牢固树立"四个意识"，自觉做到"两个坚决维护"，坚决贯彻习近平生态文明思想和习近平总书记关于长江大保护的重要指示批示精神，按照韩正副总理重要讲话和推动长江经济带发展领导小组会议要求，推动生态环境保护各项工作落实落地。

一要坚决打好长江保护修复攻坚战。把推动长江保护修复作为生态环境保护工作的重中之重，加大支持力度，强化针对性措施。加强与有关部门和长江经济带11省（市）党委、政府协调配合，努力形成工作合力。

二要进一步强化督察执法。把长江经济带生态环境保护工作，尤其是警示片反映的问题，作为中央生态环境保护督察和打好污染防治攻坚战强化监督的重点，及时将发现的问题反馈地方，支持和督促整改落实；对整改不力或问题突出的，严格依纪依法查处问责。要提升发现问题的能力，创新发现问题的方式，探索建立有奖举报制度，着力解决群众反映强烈的生态环境突出问题。

三要建立生态环境警示片制作机制。将制作生态环境警示片作为生态环境保护工作的新抓手，将日常督察执法工作与警示音像制作结合起来，形成常态化工作机制，更好地发挥警示片作用。在现有长江经济带生态环境警示片素材的基础上，制作专题音像系列片，配套编制问题清单，拉条挂账，逐项整改。

会议认为，《放射性物品安全运输规程》是规范我国放射性物品运输管理的基础性文件，修订该规程对进一步加强放射性物品运输安全管理、推动与国际接轨具有重要意义。要加强放射性物品运输领域标准制修订工作，加强宣传培训和工作指导，做好新老标准衔接，确保新标准得到严格有效实施。

会议指出，党中央、国务院高度重视"白色污染"防治，作出一系列决策部署。要进一步提高政治站位，充分认识抓好"白色污染"综合治理工作的重要性、必要性和紧迫性，把治理"白色污染"作为打好污染防治攻坚战的重点任务之一，系统研究、大力协同、综合治理。要进一步明确管理对象范围、管控关键环节，充分发挥经济、技术等手段作用，强化监督执法、激励机制等保障措施，切实提高"白色污染"治理措施的针对性、可行性和有效性。

生态环境部副部长黄润秋、赵英民，中央纪委国家监委驻生态环境部纪检监

察组组长吴海英出席会议。

　　驻部纪检监察组负责同志，部机关各部门主要负责同志，有关部属单位主要负责同志参加会议。

发布时间
2018.12.27

第三批中央环境保护督察7省（市）公开移交案件问责情况

经党中央、国务院批准，第三批7个中央环境保护督察组于2017年4月至5月分别对天津、山西、辽宁、安徽、福建、湖南、贵州7省（市）开展环境保护督察，并于2017年7月至8月完成督察反馈，同步移交92个生态环境损害责任追究问题，要求地方进一步核实情况，依法依纪实施问责。

对此，7省（市）党委、政府高度重视，均责成纪检监察部门牵头，对移交的责任追究问题全面开展核查，严格立案审查，依法依纪审理，查清事实，厘清责任，扎实开展问责工作，并报经省（市）委、政府研究批准，最终形成问责意见。为发挥教育、警示和震慑作用，回应社会关切，经中央生态环境保护督察办公室协调，7省（市）于12月27日同步对外公开有关问责情况。经汇总7省（市）问责结果，情况如下：

（一）从问责人数情况看，7省（市）共问责917人，其中厅级干部173人（正厅级干部48人）、处级干部484人（正处级干部247人）。分省（市）情况：天津市问责83人，其中厅级干部22人、处级干部52人；山西省问责117人，其中厅级干部22人、处级干部61人；辽宁省问责143人，其中厅级干部41人、处级干部63人；安徽省问责151人，其中厅级干部25人、处级干部82人；福建省问责136

人，其中厅级干部14人、处级干部81人；湖南省问责167人，其中厅级干部28人、处级干部94人；贵州省问责120人，其中厅级干部21人、处级干部51人。7省（市）在问责过程中，注重追究领导责任、管理责任和监督责任，尤其突出了领导责任。

（二）从具体问责情形看，7省（市）被问责人员中，诫勉189人，党纪政务处分698人（次），组织处理18人（次），移送司法机关22人，其他处理19人。被问责的厅级干部中，诫勉38人，党纪政务处分138人（次），其他处理8人。总体来看，7省（市）在问责工作中认真细致、实事求是、坚持严肃问责、权责一致、终身追责的原则，为传导环保压力、压实环保责任发挥了重要作用。

（三）从问责人员分布看，7省（市）被问责人员中，地方党委42人，地方政府222人，地方党委和政府所属部门575人，国有企业36人，其他有关部门、事业单位人员42人。在党委、政府有关部门中，环保部门100人，住建部门94人，国土部门75人，水利部门64人，林业部门32人，农业部门30人，发改部门29人，工信部门26人，城管部门19人，质监部门18人，海洋部门13人，规划部门10人，市容园林部门9人，公安部门4人，市场监管等部门52人。被问责人员基本涵盖生态环境保护工作的相关方面，体现了生态环境保护党政同责、一岗双责的要求。

从上述移交问题分析，涉及生态环境保护工作部署推进不力、监督检查不到位等不作为、慢作为问题占比约51%；涉及违规决策、违法审批等乱作为问题占比约29%；涉及不担当、不碰硬，甚至推诿扯皮，导致失职失责的问题占比约13%，其他有关问题占比约7%。

中央环境保护督察是推进生态文明建设的重大制度安排，严格责任追究是环境保护督察的内在要求。天津等7省（市）党委、政府在通报督察问责情况时均强调，要深入学习贯彻习近平生态文明思想和党的十九大精神，牢固树立"四个意识"，不断提高政治站位，坚决做到"两个维护"，坚决扛起生态文明建设政治责任，坚决打好污染防治攻坚战。要求各级领导干部要引以为鉴、举一反三，把思想和行动统一到党中央决策部署上来，自觉践行新发展理念，推动经济高质量发展。要求各级各部门认真落实生态环境保护党政同责、一岗双责，层层压实责任，抓实各项工作，以看得见的成效兑现承诺，取信于民。

发布时间 2018.12.29 生态环境部党组和驻部纪检监察组联合召开全面从严治党首次专题会议

12月28日，生态环境部党组和驻部纪检监察组联合召开全面从严治党第一次专题研究会议，研究近年来生态环境部贯彻落实中央八项规定精神情况。生态环境部党组书记、部长李干杰主持会议。他强调，要坚定不移落实全面从严治党责任，始终把贯彻落实中央八项规定精神摆在突出位置，积极作为、真抓实干，持续促进作风转变，推进生态环境保护各项工作迈上新台阶。

李干杰指出，中央八项规定及其实施细则是党的十八大以来以习近平同志为核心的党中央对全党发出的动员令，也是对全国人民的庄严承诺。要站在维护核心的高度、站在巩固党的执政地位的高度、站在实现执政使命的高度、站在净化党内政治生态的高度，坚定不移把全面从严治党、贯彻落实中央八项规定精神责任抓在手上、扛在肩上、落到实处。

李干杰强调，严格执行中央八项规定精神，是打造生态环境保护铁军的基本要求，是关系污染防治攻坚战的成败之举。要进一步提高政治站位，增强"四个意识"，做到"两个坚决维护"，自觉在思想上、政治上、行动上同以习近平同志为核心的党中央保持高度一致，做到决心不变、力度不减、尺度不松，持续深入贯彻落实中央八项规定精神，为打好打胜污染防治攻坚战提供纪律和作风保障。

李干杰指出，贯彻落实中央八项规定精神是一项经常性、系统性、长期性工作，必须常抓不懈、落实抓细，抓出成效、抓出习惯、抓出机制，使之成为党员干部的行动自觉。必须标本兼治、统筹推进，切实做好纪律风气的整肃、责任意识的强化、思想观念的转变、制度机制的完善、执行能力的提升。必须驰而不息、久久为功，毫不动摇打好改进作风的持久战。对于贯彻落实中央八项规定精神督促检查中发现的问题，要拉条挂账，逐一整改。

李干杰强调，部党组要切实履行好全面从严治党主体责任，持续推进生态环境系统各级党组织政治、思想、组织、作风、纪律和制度建设。

一是发挥"头雁效应"，坚持示范引领。部党组要以身作则、以上率下。各级党组织和各级领导干部特别是党组织主要负责同志，要把落实中央八项规定精神作为加强党的政治建设和全面从严治党的重大任务，切实履行"第一责任人"职责，一级带着一级干，一级做给一级看。

二是加强党性教育，激发内生动力。要引导党员干部深入学习贯彻习近平新时代中国特色社会主义思想，进一步强化党员意识、宗旨意识和纪律观念，解决好世界观、人生观、价值观这个"总开关"问题，增强党性修养，从思想深处筑牢"防火墙"。

三是扎紧制度笼子，强化制度约束。要推进制度建设，用制度规范重点领域、重点环节和重点群体。要强化制度执行，坚决维护制度的严肃性和权威性。

四是主动接受监督，严肃执纪问责。要自觉接受驻部纪检监察组的监督，养成自觉接受监督的意识。部党组班子成员既要在干事上勇于负责，更要在管党治党上敢于担当，与驻部纪检监察组同向发力。要强化纪律意识，加大贯彻落实中央八项规定精神监督检查力度，对顶风违纪的党员干部坚决从重处理，做到查处

一案、警示一批、教育一片。要强化问责，对履责不到位的，严肃追究主体责任、监督责任和领导责任。

中央纪委国家监委驻生态环境部纪检监察组组长、部党组成员吴海英在会上做了讲话。她指出，党中央明确提出要健全派驻机构与驻在部门党组协调机制，纪检监察部门要坚守"监督的再监督"职能定位，聚焦主责主业，推动所在部门和单位党组织履行全面从严治党主体责任。驻部纪检监察组要继续梳理党的十八大以来查处的违反中央八项规定精神问题，向各位部领导以及各部门单位的主要负责同志通报，帮助掌握有关情况。各部门纪委委员和各单位纪检组长（纪委书记）要履行好监督职责，推动各级党组织担负起全面从严治党政治责任。要建立健全纪检部门与被监督单位党组织定期会商、重要情况通报等相关机制，推动被监督单位党组织压实主体责任，加强对全面从严治党工作的领导、组织和实施。要深刻领会报告制度所蕴含的内在政治要求，通过严格执行报告制度带动自身履职尽责。

吴海英强调，近年来，生态环境系统党员干部纪律规矩意识有很大增强，但是在认识上还有不到位的地方。各部门和单位要对发生的违纪案件全面梳理，组织每个基层党组织、每名党员干部认真学习、交流体会，真正做到用身边事教育身边人，发挥好警示教育的效果。要结合机构改革，对本部门和单位的权力清单和廉政风险点进行更新和完善，制定切实可行的防控措施，以求真务实作风推动反腐倡廉建设。要紧盯"四风"问题中的形式主义和官僚主义问题，发现一起、查处一起，严肃处理、严肃问责。

吴海英要求，驻部纪检监察组、机关纪委、各部属单位纪检组（纪委）的纪检干部要旗帜鲜明讲政治，把政治建设摆在首位，自觉向以习近平同志为核心的党中央对标看齐。要增强职责意识，提高履职担当的能力，要敢碰硬，不回避矛盾，做到想监督、敢监督、善监督，真正把监督责任扛起来。要牢固树立自身廉洁过硬是监督执纪问责最大的底气意识，在严肃党内政治生活方面走在前面、以身作则、严于律己。要按照党中央的统一部署和要求，认真抓好各项工作的落实，为打造生态环保铁军提供坚强的政治、纪律、作风保障。

会议听取了2018年度生态环境部党组落实中央八项规定精神主体责任情况、驻部纪检监察组履行监督责任推进中央八项规定精神贯彻落实情况的汇报。

生态环境部党组成员、副部长结合分管工作，交流了履行"一岗双责"的体会，并就进一步抓好相关工作做了发言。驻部纪检监察组副组长结合监督执纪审查工作就督促落实中央八项规定精神作了发言。

部机关有关司局主要负责同志，驻部纪检监察组有关负责同志列席会议。

生态环境部部长看望慰问基层一线生态环境监测和强化监督人员

发布时间
2018.12.31

　　2018年12月31日，生态环境部部长李干杰赴北京市、河北省廊坊市、天津市，代表生态环境部党组和部领导班子看望慰问坚守一线的生态环境监测和强化监督人员，并通过他们向全国生态环境系统广大干部职工和所有关心支持参与生

态环境保护工作的各界人士致以新年问候。

在北京市空气自动监测网京南通道的榆垡大气综合监测站，李干杰仔细了解了北京市大气自动监测质量控制、质量保证和远程质控情况，查看了综合观测实验室。他不时驻足观看实验设备并向相关负责同志了解设备运行情况。李干杰表示，大气环境监测既要做好例行指标监测，也要做好来源解析监测；既要做好统计分析，也要做好趋势分析，要更加科学、系统、精细，更好地服务于打赢蓝天保卫战。在天津市曹庄子泵站国家地表水水质自动监测站，李干杰听取了水站运行情况汇报，并查看了国家水质自动综合监管平台。他说，要继续做好地表水考核断面采测分离工作，同时发挥好水质自动监测站作用，两手抓，两手都要硬。

李干杰强调，生态环境监测是生态环境保护的基础工作，是生态环境管理的"顶梁柱"，是打好污染防治攻坚战的重要抓手和支撑。近年来，我们持续深化生态环境监测领域改革，大力加强监测网络建设，切实提高监测数据质量，对于督促地方党委和政府落实生态环境保护责任、坚决杜绝"数字环保""口号环保""形象环保"、确保实现没有"水分"的生态环境质量改善发挥了重要作用。要持续加强生态环境监测质量管理，确保监测数据"真、准、全"，进一步压实属地责任，确保污染防治攻坚战实效经得起历史和实践的检验。

李干杰来到河北省廊坊市永清县和天津市武清区看望慰问正在开展强化监督的工作组。"你们是第几组的工作人员？来这边多久了？有没有什么困难？"李干杰仔细询问了督查组工作人员的生活和工作情况。他说，在推进打好污染防治攻坚战中，我们逐步形成了一套正确的工作策略和方法，其中很重要的一点就是"两手发力"，既抓宏观顶层设计，又抓微观推动落实，确保各项政策措施落地见效。一方面，开展中央生态环境保护督察，主要是督促，重点督察地方党委和

政府及其有关部门环保不作为、乱作为情况，推动落实生态环境保护"党政同责""一岗双责"；另一方面，组织生态环境保护强化监督，主要是帮扶，帮助地方解决重点区域、重点领域的突出生态环境问题。下一步，要继续发挥好督促和帮扶两个作用，不断推动生态环境保护督察向纵深发展，进一步提高强化监督工作的针对性和有效性，为打好污染防治攻坚战提供重要保障。

李干杰在调研中指出，2018年是我国生态文明建设和生态环境保护事业发展史上具有重要里程碑意义的一年。在习近平新时代中国特色社会主义思想的科学指引下，在以习近平同志为核心的党中央坚强领导下，在各地区各部门和社会各界的大力支持下，全国生态环境系统上下一心、奋力拼搏，推动生态环境保护工作取得显著成效。生态环境保护大会胜利召开，确立习近平生态文明思想，党和国家机构改革中组建生态环境部、决定组建生态环境保护综合执法队伍，污染防治攻坚战七大标志性战役的作战计划和方案陆续制订出台，全国集中式饮用水水源地环境问题整治、严厉打击固体废物和危险废物非法转移和倾倒行为、禁止洋垃圾入境、推进垃圾焚烧发电行业达标排放、"绿盾2018"自然保护区监督检查专项行动等重点工作取得重要成果，中央生态环境保护督察"回头看"推动解决了一大批群众身边的生态环境问题，"以案为鉴、营造良好政治生态"专项治理深入开展，污染防治攻坚战开局良好、初战告捷，全国生态环境质量持续改善，风清气正的良好政治生态进一步形成。

李干杰强调，在新的一年里，全国生态环境系统要认真贯彻习近平生态文明思想，全面落实全国生态环境保护大会精神和中央经济工作会议精神，坚定信心、坚守阵地、坚定不移、坚持不懈，做到稳中求进、统筹兼顾、综合施策、两手发力、点面结合、求真务实，聚焦七大标志性战役，加大工作和投入力度，坚决打好打胜污染防治攻坚战，进一步改善生态环境质量，协同推进经济高质量发展和生态环境高水平保护，增强人民群众的获得感、幸福感和安全感，以优异成绩庆祝中华人民共和国成立70周年。

本月盘点

微博：本月发稿436条，阅读量45819500；

微信：本月发稿340 条，阅读量1024957。

图书在版编目（CIP）数据

你好，生态环境部！：@生态环境部在2018 / 生态
环境部编 . -- 北京 ：中国环境出版集团，2019.4
ISBN 978-7-5111-3907-8

Ⅰ . ①你… Ⅱ . ①生… Ⅲ . ①生态环境保护－中国－
文集 Ⅳ . ① X321.2-53

中国版本图书馆 CIP 数据核字（2019）第 025453 号

出 版 人　武德凯
责任编辑　丁莞歆
责任校对　任　丽
装帧设计　金　山

出版发行　**中国环境出版集团**
　　　　　（100062　北京市东城区广渠门内大街 16 号）
　　　　　网　　址：http://www.cesp.com.cn
　　　　　电子邮箱：bjgl@cesp.com.cn
　　　　　联系电话：010-67112765（编辑管理部）
　　　　　　　　　　010-67175507（环境科学分社）
　　　　　发行热线：010-67125803，010-67113405（传真）
　　　　　印装质量热线：010-67113404
印　　刷　北京盛通印刷股份有限公司
经　　销　各地新华书店
版　　次　2019 年 4 月第 1 版
印　　次　2019 年 4 月第 1 次印刷
开　　本　787×1092　1/16
印　　张　20
字　　数　260 千字
定　　价　78.00 元